IT'S CALLED WORK FOR A REASON

谁偷了你的成功

别找借口，别抱怨

——你的成功取决于自己

（美）拉里·温格特 (Larry Winget)◎著　田丽◎译

中国青年出版社

目 录

目 录

目 录

目 录

序 言

在你开始读这本书之前,我想先警告你几句。

这本书的有些内容,你会不喜欢。

为什么我会这么说?怎么会有作者在一开篇就告诉读者,他们会不喜欢?因为你很快就会发现,事实确实如此,我想你应该早点知道!

我可以直截了当地告诉你,这本书的许多内容会让你抓狂、恼火。完全打破你的惯性思维,与你现在的想法完全对立,会让你感到讨厌,好像被人侮辱。

提前告诉你这些,以表明我的坦诚!

既然这样,我想你应该能分清这本书与其他经典的经管励志类书籍不同。

我希望如此!

我曾经读过上千本经管励志类图书。一点儿也不夸张,我真的读过上千本。除了屈指可数的几本外,其他的读起来纯粹是浪费时间。

作为读者,在读一本书之前,如果有人能警告我,我要读的这本书不过是一堆胡言乱语,那么我将非常感激他。可是从来没有人这样做。作者怂恿我从头读到尾,我却发现其中一页一页的全都是没用的废话。当我把书合上，感觉很失望，因为我把时间浪费在一本基本没说出什么、几乎没有任何实际意义的书上。

现在市场上销售的绝大部分经管励志类图书，都不过在反复强调着人们心中已经很清楚的问题。他们总是说，“实际上，你已经做得不错了，你只需要再稍稍地做得更好，或者稍微转变一下思维”。还有一些书会给出非常详细的经济统计分析、消费者购买趋势分析或者其他什么数据分析，直到把你搞晕为止，以至于无法判断它到底要说什么。许多作者挖空心思地用一些当今最流行、大家热捧的字眼，却不告诉你哪些必须要做，该如何做。有些书则告诉你，一定要热爱自己的工作，这样才能取得成功。最糟糕的是，有些书引用许多看似可爱的商业故事，得出的结论简直不值得一提。总之，这些书里面有太多的经济术语、太多的不着边际、太多的天真可爱、太多的废话，这些书什么都谈，唯独不谈企业获得成功最关键的因素——工作！其实，解释所有的职场问题，最基本的答案就是——人们没有在用心工作！

非常简单，大多数的企业员工都没有做好本职工作——可能他们很少花心思在工作上。就算企业员工都有培训，那么可以说培训的效果也一定很差。客户服务的质量不止是差，简直就是粗暴。公司却得过且过，把责任推给“愚蠢”的客户或者糟糕的经济形势,而不是公司员工或者公司本身,没有人对此负责。多数公司的销售业绩下滑是因为销售不去接电话,不去跟客户进行交流。客户服务质量糟糕透了,因为员工根本就没在为顾客服务,而经理们对这些没有足够高的重视,也没有采取任何行动。员工之所以不认真工作,是因为没有人要求他们认真做,而且消极怠工也不会受到任何惩罚。

在这本书中,我会举例说明糟糕的工作业绩源于糟糕的工作表现。从公司经营的各个环节举例说明这个简单而又普遍的道理,包括销售、客服、领导、管理、团队建设、应对突发事件以及与其他公司合作等方面。我也会毫不客气地指出应该谴责的对象——这个对象就是你!

这本书与以往你看过的任何一本书都不同。我会非常直截了当,而不会甜言蜜语地讲些听起来无比可爱的商界名流逸事。我使用的是你非常熟悉的语言,因为这就是你平时使用的语言,而我平时也是这么说话的。

这本书观点鲜明,而这恰恰是我想带给读者的。这些观点是我经过多年的生活、工作、管理、亲身经历和犯错,认真总结出来的。这些观点在我实际工作的各个领域都非常实用,我相信它们也适用于你的工作。

为什么要听我的?

我非常清楚自己在说什么。从工作以后,我所挣到的每一分钱都是用辛辛苦苦的劳动付出换来的。我曾经铲过肥料、修剪过树枝,是贝尔系统公司最早一批男性电话接线员,我还做过零售、销售、管理工作,也曾经是公司总裁。我曾经从老板那里领薪水,也曾经给员工发薪水。我曾经在世界顶级公司工作,也曾经在名不见经传的小公司上班,我几乎做过各个层级的领导,也做过几乎所有的非领导岗位。

我曾经是美国电话电报公司销售冠军,做到销售部最高领导。我曾白手起家创立了三家公司,并把它们发展成为成功的、繁荣蓬勃的公司。我曾经与世界500强企业中的大约400家有过会谈或合作。我周游世界,与世界上各种类型的商业组织或协会会谈。我是美国演讲者协会演讲名人堂的专业演说家。我还是一档电视脱口秀节目的主持人,帮助人们摆脱生活中经常出现的财政危机。你是不是非常吃惊?其实这些都无关紧要,最重要的是——

我曾经在大公司工作,也曾经管理和经营过小公司。公司发展经营的每个阶段我都亲身经历过,我犯过任何人在工作时可能犯过的几乎每一个愚蠢的错误。我曾经丢过客户、被客户投诉、粗暴对待下属、对待工作态度散漫。我创建的公司也曾经破产,最后一分不剩。只要是人可能在工作中犯的错误,我都曾经犯过。如果有杂志想选择一个犯错颇多、最愚蠢的人做封面人物,那个人一定是我。

我不是经济学教授,也没获得过经济学博士学位。我就是一个在现实商场上摸爬滚打的普通人,经历过重重困难。一路走来,我学到很多东西。与比我聪明的人谈话,我能学到经验;我曾读过不下3000本书,有些是无价之宝,有些简直是垃圾,因此我能从中分辨出哪些在现实中有效果,哪些没有;我喜欢听商业精英的演讲,时长超过5000小时,从中收获颇多。我倾听、研究并切身体验,终于明白了什么可以把企业带向成功。因此,我又从公司破产变成了今天的千万富翁。

现在,我在全世界各处演讲,告诉各界职场人士如何才能更加成功。我与一线员工交流——他们是做实际工作的人;我与各级别经理、企业老板、一线督导交流,他们都非常急于让自己的公司有更好的发展;我与白领、蓝领甚至是暂时失业的无领人士交流,他们都有偿向我寻求建议。就像你购买这本书时,实际上就在花钱向我请教该如何取得更多的成功。希望你在阅读完此书后,觉得物有所值。

"拉里,为什么这本书是专门为我设计的?"

只要你是靠工作来谋生的,那么这本书就是专门为你设计的。

只要你工作，或者曾经工作过，或者打算要工作，你就应该读读这本书。无论是刚刚走出校园的大学毕业生，还是已经年近五十的首席执行官，都应该翻看这本书。这本书是为秘书、销售、股票经纪人，还有看门的量身打造的，也就是说，这本书是给所有有工作的人写的——无论你是在管理别人，还是在被别人管理。

这本书里确实有一些好的建议和方法。当然了，不能涵盖所有好建议和方法！我从来不会虚伪地称自己掌握了所有好办法。我能提供的好建议都是针对我自己遇到过的问题提出的，我本人从这些方法、建议中受益。我不会让你去尝试本人没有验证过的方法。如果你认可我的方法，就请尝试它们是否有效；如果确实有效，就庆祝一下吧，因为这确实是值得庆贺的！如果你觉得我的想法并不适用，我建议你无论如何还是要试一试。毕竟，你现在的方式方法并不十分奏效，可能正打算尝试换一种。那么，请试试我的观点怎么样？即使没什么效果，你又会损失什么？一点儿时间？一点儿努力？一点儿金钱？但你的小小投入会让你离正确的方向又近了一步。

当你在阅读本书时，可能会不断地说："这些我都知道！"希望你确实知道！我在本书中传达的思想有：尽职尽责、对得起挣到的每一分钱、要讲个人诚信、做正确的事、果断地抉择，所有这些对你来说并不陌生。这些就是这本书的核心内容，没有什么玄奥的东西，只是一些我们必须时时记住的简单道理，还有这些道理在具体情境中的应用。这些道理适用于商业领域的任何人。但它们又不仅仅局限于商业，同样适用于我们的生活。

好，我们现在就开始吧！让我来晃动你停滞的神经，改变你惯有的思维。打开心扉接受新思想吧，哪怕只接受一个也可以。对！仅仅一个！这本书里不乏好的思想，但我的目标是让你接受其中的一个，并立即应用。一种好的想法能改变你的生活，你的公司经营，让你富有。即使你只从本书中找到一个好的想法，购买这本书难道不值得吗？当然非常值了！所以，现在就开始阅读吧！拿出笔来，在书上开始做标记吧！画下你认可的好想法，现在就按照它开始行动吧！

第 1 章

哦，该去工作了……

"再见，亲爱的，我去工作了！"

哦，你根本不是要去工作，你要去的不过是个家之外的地方，穿得比在家时正式一点，区别仅此而已。在那儿，周围的人和你一样，也跟他们的家人撒了谎说要去工作。说你们是同事，但实际上，你们只不过是一些定期在办公室碰头的熟人而已。

大多数研究称，在人们全部工作时间里，只有大约一半时间投入于工作——别告诉我你不知道什么叫"做一天和尚撞一天钟——得过且过"，你工作时间的一半都在磨洋工！我看到的这些研究成果更加肯定了我刚才的推断。有效工作时间只有总时间的一半，而剩下的时间都用在八卦闲聊、吃吃喝喝、发发牢骚、浏览网页、发个邮件、喝点咖啡，然后再做上个白日梦，实在没事干就多去两趟厕所。至于休息时间，能多拖延一分钟就拖延一分钟——于是 15 分钟延长至 25 分钟——

继续如法炮制,午饭时间就顺利地延长到一小时零一刻钟。这么一来,本应有的劳动量打了对折。而这种松散不堪、毫无约束的状况,归根结底是因为,公司从上到下无一例外地都这么闲散地混日子,上到CEO下到小职员!

当所有人工作一天却只有一半时间能真正有效,公司只能聘用双倍的人手才能弥补另一半时间的浪费。这会导致更多的工资支出,更高的员工保险费和缴税,以及最终更高的产品价格。导致这些结果的直接原因就是员工的惰性。

现在就检查一下自己吧,看看你是否做到了这一点:工作就是工作,不能有半点马虎!

上班期间不是娱乐时间,也不是社交时间,就是纯粹的工作时间。不幸的是,绝大多数员工不明白这个道理。上学期间学校没教过学生,家长也没告诉过子女们这条原则。所以刚踏上工作岗位的新职员们不清楚这一点。这一点不被重视,无人强调,没人指望员工能做到多好,员工也从没努力做到最好。人们只会指责别人上班偷懒,但是谁也没做出表率以身作则。

你是被雇来工作的

什么样的状态才叫工作?高效率,还要出业绩。公司雇你来就是为了这个。你在公司工作,是为了给公司创造更多的收入,以此来弥补你对公司各种资源的消耗。你创造的价值应该大于你所耗费的公司的资源。做到这一点靠的可不是整天吊儿郎当,你要快速、高效、低成本地完成任务。要确保自己干的是正事,而且要精通自己的业务。当你确确实实感到累了,这才可以证明你在工作上是真的用心了;当你因为工作身心疲倦,才能切实感受到自己是在工作,明白了?

你觉得自己已经努力工作了,可事实上往往不是。跟大多数人一样,你工作的认真程度仅仅达到不会让老板开除你的程度;而老板给你的工资,也刚好是能让你留下来的最少金额。

同样道理,你的公司也绝不像年度报告上信誓旦旦说的那么努力奋进。就像公司的售后服务部,经常大言不惭地作出口头承诺,但从没兑现过。他们习惯说:"我们正在努力完成……"实际上就等于说"我们已经把这件事列入议程,并正在开会讨论"。那什么时候能解决?尽管等去吧!

承认自己效率低下的现实吧!你问我为什么会如此确定这一点?那么,实事求是地说,你今天都干什么了?公司给你发了薪水,你是不是为公司做出了应有的积极贡献?不要再自欺欺人了,好好反思一下,只有你自己心里最清楚。扪心自问,你今天都做了些什么?好好想,现在就说说,我有足够的耐心和时间听你的回答。

停!现在把你想到的乘以75%,之后得出的工作量才刚刚接近你真正完成的数量。

原因何在?

为什么会这样?相对于结果,我们太在意过程了。于是我们从身体力行渐变为轻松地旁观。对错误的行为不制止,纵容不良的表现。我们没有告诉下属怎样成为优秀的员工,也没有创造积极的环境来鞭策员工努力工作,事实上我们根本没对员工抱多大期望。这样的解释够了吗?远远没有!这些只是冰山一角,接着看看下面的吧。

错误的关注点

日常工作中,有个很好的例子可以说明我们的注意力摆错了位置,那就是计划实施情况表。你现在有吗?以前写过吗?你肯定写过。这个表本来是为了让人目标明确才设计的,但结果完全不是这么回事。说句你可能不爱听的话,**填写计划实施情况表完全是在浪费时间,而且它还是阻碍你高效工作的垃圾!**凭什么这么说?请你告诉我,预期要完成的,和已经完成的,哪个更重要?但凡有点脑子的人都知道答案——重要的是你已经干了多少事。但现实中我们往往不看这个,我们总是盯着员工现在做事的状态。我再问你,只要预定工作完成了,你还会在意员工目前的表现吗？

这个问题又引发了许多其他方面的问题，比如，领导才能、管理能力、工作效率、工作表现测评、计划工作量、员工奖惩制度等等。

所有老板都希望自己的员工总是忙忙碌碌。放眼一望，如果员工们就像一只只蜜蜂忙进忙出、辛勤工作，主管肯定可以眉飞色舞腰板挺直地向顶头上司邀功——您瞧，我管理的部门可不是吃闲饭的！不过表象真的那么重要吗？好吧，如果顾客看见员工站在卖场说话聊天、无所事事，可能会对公司产生不良印象，但这主要是在销售区，员工有必要、至少是装成忙碌的样子。但如果你不是在顾客眼皮底下工作，**我想说，你看起来有多忙其实和你真正干了多少事一点儿关系也没有**。别拿所谓兢兢业业的表象说事，我们看的是你完成了多少业绩。一切以完成任务为准，怎么做的并不重要。有时看起来最忙的员工往往业绩最小，但令人费解的是有的上司居然常会奖励这样的员工！所以我说当领导的人应该透过现象看本质，不能完全根据日常表现评判下属。

所以我建议，别老盯着“要去做的事”。你的手边有没有写着“计划实施情况表”的笔记本？有的话就把那些华而不实的东西扔了！要在本子上列出必须完成的事项表，不骗你，你要相信我！我对你完成了多少事更感兴趣，别跟我掰着手指数你有多少任务要做！只有确定了那些必须完成的事，抓紧去做，当客户向你询问订单现在的情况时，你才可能迅速查看必须完成的事项表，然后轻快地回答客户："已经办妥了。"如果每一天都能做到这样，我就真的没有白费这么多口舌。

"嘿，得了，这有什么区别？"

两种计划表，一种写的是"将要完成事项"，另一种是"必须完成事项"，两种表看起来差不多。就其鞭策效果而言，尽管都主要取决于你的表现，实际给人的感觉可大相径庭。你的计划实施情况表说白了就跟一张"许愿表"没什么区别。而必须完成的事项表在内容上更明确，更简洁，也更实际。它给你指明一天里都要做什么事，帮你理清做事的主次，告诉你哪些事必须首先做完，哪些事尽量在有空余的情况下做到更好。

这就是安排时间的秘诀——先做不得不做的事。不过这一原则往往不被人们重视而渐渐走样了。

有没有这种时候，你忙得都没空安排自己的时间了？其实管理和规划时间本来就很费时，有这工夫，还不如把时间用在别的地方，比如做那些必须完成的事。

只需分清要做事情的轻重缓急，按紧急程度一项项去做，时间上自然就有了安排。这比提前作时间计划简单多了，而且省了不少时间。

怎么安排做事的顺序？事实上把最重要的工作做完，其他的就好说了。所以关键是确定最重要的事是什么。

> “确定了事情大致的优先顺序，如何安排细枝末节就迎刃而解了。”
>
> ——罗伊·迪士尼

你工作上优先处理的事是什么？你是不是非常清楚？如果说不清的话，你就是在浪费时间、浪费精力、浪费金钱。职场上每个人都必须明确自己每天都要干什么。

有人会说：“说得容易，不管大事小事，所有事都是要干的，怎么安排前后顺序啊？”

问到点子上了。该干的事很多，但真正需要完成的事情往往很少完成。哪件事是绝对要做的？哪些事是非做不可的？注意，我可没说“应该做”或者“完成了更好”，我说的是**“非做不可的”**。

一旦决定了哪些是必须要做的事，就尽管去做。简单吧？我并没有让你只做那些必须做的事，你当然还可以干别的——但必须是在完成了主要任务的前提下。工作要快，要有效率，专注于一件事，完成之前绝不干别的，要一心一意，全神贯注。先做必须要做的事,不论你还有多少其他想干的事等着去做。

结束一天的工作,就算只完成了一件事,你也比上班来的时候创造了更多价值。

抓住重点,分清主次,合理安排时间就成了小菜一碟。

事有轻重缓急,对一个售货员来说,首要任务就是销售商品。卖东西讲究什么?跟顾客交流。不主动迎上顾客游说他们,你就卖不出东西。这意味着对每一个售货员来说,跟顾客介绍自己的商品,把顾客说得动心,买了东西,就是成功。还干其他的吗?当然。售货员还要记账,将销售情况反馈给公司,做书面记录等等琐碎的工作。这些都是要做的,当然最主要的还是本职工作。

所以你说每天的工作中有好多要干的事,我可以理解。不过问题是很多人把想干的事干完了,有些必须做的事却拖到最后也没解决。为什么?还用说吗,该干的事拖到最后再做,当然没时间了!

如果你首先处理必须做的事,那你永远有时间。所以编定一个必须完成的事项表很有必要。这样你就很清楚先做什么后做什么,及时完成那些举足轻重的任务。

习以为常的错误做法

看看下面这些情况，你是不是很熟悉？令人不安的是，这些错误做法我们已经习以为常了。

我们不再身体力行，而是乐于旁观。人们懒于工作，反而喜欢看别人工作。很快我们就习惯了这种轻松的方式，是啊，这样多轻松——在电视上看《老友记》连续剧可比现实中跟别人交朋友容易多了，没有烦恼；坐在电视机前，观看《学徒》节目里的参与者不堪工作压力的惨样，当然比自己找工作轻松；相比努力减肥使自己瘦下来，看《减肥达人》，然后把自己幻想成减肥成功的参赛者不是更容易吗？轻轻松松在电视里看别人粉刷房间，似乎比自己动手还能得到更大的乐趣；自己管教小孩多累，还是看别人雇一个电视保姆来约束孩子简单……所以，难怪到了工作上我们也会喜欢看别人忙活。这是个普遍的社会问题，而这样的情况发生在企业里的结果，将是降低工作效率，同时也是在消磨自己的生命和时间。

奖励不该奖励的人。我们似乎更乐意奖励那些看上去总是忙忙碌碌的员工，却容易忽略真正完成任务的人。那些看起来没费什么精力，却照样完成工作的员工极少得到褒奖。如果偶尔获得奖励了，周围同事也会认为这是天上掉馅饼，或羡慕他走运。随你怎么想,走运怎么了?被馅饼砸中又有什么关系?如果他能办实事,就理应得到奖励。

有些领导常奖励那些以工作为名早来晚走,甚至连午饭也不吃的人——我可不会干这种蠢事。如果一个员工不能在他的工作时间内处理掉所有事情,非要加班加点,我会怀疑他是在工作时间偷懒磨洋工。**记住,重要的不是你在一份工作上花了多长时间,而是在一个时间段内你完成了多少工作。**

搞清楚这一点,我说过不让你早来晚走,或是挤掉午餐时间工作了吗?我没说。有时候确实需要辛苦一点才能完成工作。但按常规来讲,一般的工作是绝对可以在工作时间内完成的。我不提倡奖励工作狂,那样工作本身就对健康不利,而且这么做往往会刺激其他工作狂变本加厉或者进一步误导其他员工。

容忍不良表现。作为一个经理,你会发现与其去纠正一些问题,不如眼不见为净——这样做更省事。某个员工迟到一会儿有什么大不了的,为这种事当众批评他,甚至特意找他单独谈话,累不累?可是,我们一定要揪着这点事不放,为什么?因为他迟到了。公司给了他薪水,他就要为此准时到达,不能磨蹭晚点!

经理们,请你们记住了,容忍员工的恶劣行为,你也难辞其咎。因为那是你该管的事,你却视而不见,任其发展,你的顶头上司知道的话就应该责罚你。如果他没有，那他也该挨罚，他也对工作作风散漫负有不可推卸的责任！

没有积极引导员工。公司总是把大笔时间花在惩戒员工的错误行为上，却很少告诉他们怎么做才对。很多公司的预算里就没有“培训”这一项，从没规划出一部分时间教育员工。除了告诉他们“这是你的活儿，赶紧去做”之外，什么指导都没有。

没有良好的环境来鞭策员工。你对这样的办公室感到熟悉吗？天天嘈杂混乱，房间的前后门变成了吸烟区，老是乌烟瘴气熏得人发晕。星期五一个个更是穿得五光十色，似乎等不及下班出去狂欢。休息室里零零散散堆放着一些装蛋糕的纸盘，一看就知道刚给人庆祝过生日，在办公桌旁吃吃喝喝……毫无规矩可言。

办公室简直不像是办公的地方了，倒像是一群人在开派对！

工作期望值低，工作标准低。我有一个朋友，在一个高档购物中心工作，负责所有鞋类专柜。她告诉我，前一阵子最让她头疼的事就是怎么能让员工来上班。且不说她对他们工作上的表现有什么要求——他们能过来上班，她就谢天谢地了！她还跟我讲了一件事，有个员工，上班第二天午饭之后人就不见了，直到三天后该换班了他才现身，结果当然是，他被炒了。

如果没人要求，没人督促员工努力工作，他们才不会那么卖命。上司觉得他们能来工作就已经不错了，还想进一步要求他们在服务态度、销售额、同事关系、熟悉产品流水线上的表现？做梦吧！

预期的少，得到的必然也不会太多，因而要求和标准就定得更低了。这么恶性循环，长此以往，标准会降得越来越低。

你以前有没有很喜欢的餐馆，隔三差五总到那里去吃饭？当餐馆渐渐有了名气，想提前订个位子没准都难。然而有一天，你可能发现这个餐馆没以前那么好了，服务速度变慢，杯子洗得不干净，菜也没有以前好吃了。你不太满意，但觉得谁都有状态不佳的时候。于是隔了几周你又去了，可发现没有一点儿改善。过一阵子你再去，仍旧如此。一个月后你途经此地，发现餐馆客源稀少，门可罗雀。两个月后再过来看，餐馆早就关门了，原来的店面又开始招租。怎么回事呢？当经理对一个员工的错误没有进行深究——可能是因为他太忙，或者觉得处理这种事是小题大做，以至于犯了错的员工安然无恙地逃过一劫。其他员工很快就会注意到，觉得反正犯了错也没大事，放松一点儿也可以，于是胆子越来越大。经理不对此表示什么，顾客有什么抱怨更不会向公司反映，于是松散的工作态度逐渐变成一种不良风气。经理也许会跟员工提出这个问题，可员工会怎么想？第一个人犯错后就不了了之了，再有犯错的又能怎么样？久而久之，曾经严谨的工作作风变得松散不堪，这样下去，没准哪天在你还没意识到是怎么回事之前，公司就已经关门大吉了！

一丁点儿的松懈都会让公司整体运营状况下降——说得太夸张了吧？听着夸张，其实一点儿也不。一次两次的松懈或许看不出什么来，但时间一长肯定会出问题。那些不接受员工任何程度的不良表现、每次服务上出现问题都会严肃处理的公司，虽然往往不太在意自己的经济状况，可公司业绩照样蒸蒸日上。为什么？因为他们想要成功，并且在各个方面都尽力做到尽善尽美。

做到那样得多困难啊！当然了，要不怎么没几个公司能做到呢。而作为员工，公司付给你工资，买的就是你的投入和专注。你拿了薪水却没给公司办成实事，就等于从你的上司那里偷窃，换句话说……你就是个小偷！

你是个小偷！

"你说什么？你敢说我是小偷？我根本就不认识你！"

当然我知道。就算没见过你，我也很清楚，你每天都在不自觉地偷东西。

可能你并没有从取款机里直接偷走钞票，或者从雇主账户里挪用款项，甚至没有拿走过曲别针或便条贴，但我还是可以告诉你，你是个卑鄙小贼。在你没有用心工作的时候，你就是在偷窃。公司付了你工资，你却没有做好应该做的事，白拿薪水，这不叫偷窃吗？应该由你做完的事你懒散了，没完成，你的同事就要为此多分担一点，你倒轻松了，这难道不叫占用、偷窃他人的劳动吗？拿着顾客的钱却没有提供最好的服务，这不叫偷了顾客的钱吗？**而最重要的是，其实，你在自己身上也偷了东西。**

诚实地回答以下问题：

你是否曾有意识地拖延过休息时间？

你是否有时做事并没全力以赴？

你是否有时没事干，但假装很忙，就是为了做给别人看？

你是否有时做事只图方便，即便知道那么做不对还照做不误？

你是否曾经谎称生病，只因为不想上班？

你没为顾客带来最好的服务，是否会心怀愧疚？

只要你回答了“是”，哪怕只有一条，你都是个小偷。如果我们一次又一次犯了这样或那样的错误，知道不对还纵容自己，那久而久之就会养成习惯，曾经严谨认真的工作态度将会被懒散放松所取代。

你以为没人会注意你在偷懒？那并不重要，因为就算别人不知道，你自己心里也清楚。你知道自己没有全力以赴，你知道公司交给你的任务没有完成。而最后你要自食其果——内疚、愤恨、工作业绩测评分数少得可怜，等等，更多后果还会一一展现。最重要的是，你自己总会觉得不舒服，因为你有所保留，没有尽心尽力。时间一长，你的自信心和实际工作能力都会受到影响。

"应该怎么办？"

伙计们，请接着读！

关于如何对待工作的几点建议：

■ 别自欺欺人，装做忙个不停的样子。

■ 办事要快，要机灵，要努力。保持忙碌，眼里有活儿。

■ 一天之中停下来几次问问自己：我现在干的事重要吗？是否对公司有所助益？我是在干正事还是只是在浪费时间？

■ 决不纵容自己或他人的不良表现。

■ 给自己创造一个整洁有序的环境，使自己能投入地工作。

■ 期望每个人都做到最好。

■ 教导你的下属如何成为优秀的员工。

■ 把事情分出轻重缓急，用不着再去刻意管理时间。

- 确定非做不可的事,然后马上着手去做。
- 别让那些可做可不做的事拖延你的进度。
- 必须要做的事优先处理,才可保证有充足的时间。

第 2 章

成功其实很简单

成功其实很简单——可能看起来不是，但我向你保证，这是真的。我猜以前从没有人这么告诉过你，你被灌输的思想都是成功之路错综复杂——那纯粹是瞎说。在我追寻成功的日子里，我一直恪守从实践中悟出的原则，从未觉得成功有多复杂。当我阅读伟人或成功人士的传记时，也没发现过哪个人的成功历程是复杂的。相反，成功其实很简单。

然而，我们总是喜欢把成功看得很复杂。你可能会嚷嚷，“我就不是！我觉得它很容易，我一直喜欢把成功看得很简单！”那绝对是谎话！你觉得自己是那么想的，也是那么做的，但其实你并不希望成功是简单的。你甚至希望目标很难达到，所以当你达不到目标的时候就可以找到借口。如果你能使别人也相信事情难以办到，那别人也自然会原谅你的失败。

不必绕圈子了，我想说的是：不要为做错的事寻找任何借口！我不会像别人那样轻易原谅你的失败，因为我知道成功并不复杂神秘，其他成功人士也知道，在生活和工作中都是如此。**获得成功不容易,却很简单**。这两个词意思上可是千差万别。成功永远不是轻而易举的,如果是那样,世界上的成功者就太多了。成功是很困难的,它需要绝对的努力,异常的专注,不懈的追求,坚持自律,不断学习,对事物孜孜以求,当然还有很多很多。这些道理一点儿都不复杂,都很简单。但它需要持续不断的努力。

不能成功的原因所在

工作上遇到再复杂的事,你也一定能学会。我至今还没见过几个不能掌握和胜任工作的人。比如你找到了一份工作,无论如何你也会学着去胜任它。比如,学习如何使用收款机,如何操作电脑,以及学会各种职业所需的技术。可一旦驾轻就熟,人们往往就开始不屑于遵守那些最简单的原则了,比如上班开始迟到,擅自离开工作岗位,对客户口无遮拦、嚣张跋扈,电话想不回就不回,甚至答应客户的事办不到……诸如此类,不胜枚举!就是这些最基本的事反而搞得一团糟。是不是觉得我啰唆得像老妈子?无所谓,直截了当地说,我最不能原谅的就是在这些最基本的事情上出问题,而且极度反感有些人总是在抱怨工作这不好那不好,但事实情况是——不是工作不好,而是工作的人有问题。

不是工作不好，
而是工作的人有问题。

成功没有秘诀

演讲家、培训师或书的作者热衷于告诉你成功有道可循。因为一旦他们使你相信，只有他们才拥有让你成功的诀窍，你就会心甘情愿掏钱买书或者报名上培训班，这样他们的账户上就会再多一笔收入。你掏了钱，他们就把这些“秘诀”告诉你——这简直跟骗子没什么两样，这些人真该感到羞耻！不是为他们努力推销自己的思想成果而羞耻，每个人都有权利那样做。你买了书就等于买了作者的思想，这也没什么问题。他们应该觉得羞耻的是，因为他们声称成功有诀窍，但是成功根本就没有诀窍。成功的道理几乎人尽皆知，从古至今就没变过，并没什么新奇。我发现成功必需的几大要素就那么几条，人人心知肚明。以下列出了一些想要获得成功所必需的条件：

有责任心，负起自己身上的职责

灵活应对所面对情况的变化

认真工作，做有心人

尽职尽责为他人服务

善待别人

积极乐观

追求上进

保持专注

不断学习

做事情精益求精

相信自己的直觉

有疑问时，请记住实践出真知

努力赚钱，努力攒钱，努力给予

知足常乐，满足于你所得到的

最重要的是，把成功看得简单些！

上面所说的这些有你没见过的吗？我相信没有。不过，人们是多么愿意信服那些所谓的成功秘诀啊！甚至愿意花大价钱听一听。我刚刚到亚马逊网上书店搜索了一下，书名里带有"秘诀"一词的书就有 39000 本！世界上真有那么多秘诀吗？

亚马逊网上书店里关于"成功秘诀"的书将近 1800 本。知道为什么还是有那么多人不成功吗？因为那么多内容把他们都弄晕了！成功从来就没什么神秘的，获得成功的要素也从来不是秘密，刚刚我列出的那些就是，用了才不到一页纸，远比 1800 本书的内容少得多。

网上书店里有500多本书写的是“客户服务的成功秘诀”。但与其看那些书,不如来点实际的——热情周到地对待客户。这样的表现难道不是公司一直要求的吗?顾客不是也希望花钱得到最好的服务吗?这比书上那些华而不实的大道理复杂吗?当然不。

网上书店还有600多本书写的是“销售的成功诀窍”。有看书的工夫,不如直接到客户面前介绍产品,当面游说。与客户面对面交流,这就是销售工作中的核心诀窍——这么简单的道理还用一群人不厌其烦地写出600多本书来论述?

还有700多本书的书名里带有“领导的秘诀”。有根据匈奴王阿提拉、比利·葛培理、耶稣基督、希特勒、伊丽莎白一世、哈利·波特等等人物撰写的成功领导者的分析。每个军事指挥家、宗教领袖,甚至总统,貌似都有许多成功秘诀要与人分享,于是就有了那些书上写的“七条秘诀”、“八个秘密”、“四个诀窍”之类的玩意儿。擦亮眼睛好好看看吧!成功领导的秘诀到底有多少?其实你只要尝试着去管理手下就可以——尽管去指挥手下的人,让他们听从你,这就行了!

停止那些愚蠢的行为

如果有人告诉你,生活中或者是生意场上的成功是复杂的，千万别相信！做事要多动脑子，如果你觉得事情开始复杂起来，先停下手上的事，审视一下你正在做的。想想为什么这么困难，是否有一些没必要的事情可以跳过，搞清楚你是在做无用功还是离成功更近了一步。思考一下希特勒或是哈利·波特，是真的有那么多东西可以教你，还是只是表面上唬人而已。

在本书里我把问题精练了，用几页纸的内容告诉你我是怎么想的，举一两个恰当的例子，然后把想表达的内容总结成几个要点。如果一个人不能把他获得成功的心得总结成几点，他就不知道说话的重点在哪儿，他一定是在忽悠你，别听晕了。我相信你肯定能听得出有的人跟你说的全是胡扯，也肯定能分辨出哪些话是有意义的，哪些不是。

因此我想提醒你，当你看这本书时要注意，有一些话题在内容上有重叠的地方，因为我不断重复的生活中的基本准则其实只有那么几条。想要达到生活上或工作上，乃至销售、管理、客户服务上的成功，方法是大同小异的。不管你是小职员还是大老板，是公司底层的看门人还是高高在上的CEO，这些道理都适用，所以我老是重复它们。先别不耐烦觉得我啰唆——虽然我可能确实有点儿啰唆，但如果我在每一个话题上都列出上百个不同的新奇概念来，你不觉得头疼吗？我所做的就是把浓缩过后的道理告诉你，而这些道理在任何时候都是有用的。

商业成功的简单公式

每年我要参加的公司年会或者商务会议大概有100多场。会议过程无非被划分为会议、休息、正式午餐和宴请这几大部分,这么一场大型会议没上万美元肯定办不下来。会议组织者无不希望通过举办会议,生意蒸蒸日上,其实这是一种误区。坦白地说,举办此类会议非但不会给生意带来多大起色,甚至还可能起反作用。当然,生意不好也不能全归咎于这一点,因为,事在人为。只有工作着的人好了,生意才会真正好起来。

> 商业成功的简单公式:
> 人的工作状态改变了,生意状况自然会好。

这个道理适用于各行各业:

销售人员的素质越高,工作态度越好,销售业绩才会提高;

售后服务人员工作认真,待人热情,服务质量自然就上去了;

经理对待工作认真负责了,手下的员工才不敢怠慢;

只有你摆正心态，做好该做的事，你的生活才会井然有序，向好的方向发展。

是不是很简单，我没说错吧？

保持思路明晰的几点技巧：

■ 如果觉得事情越来越复杂，最简单的解决办法就是停下手头的事反思一下，找出哪里让你最头疼，然后解决它。

■ 有些人愿意把问题复杂化，别全盘听信他们的话。

■ 在思路清晰简单的基础上提高办事效率。

■ 想要更加成功，不要轻信所谓的秘诀。

■ 做个积极主动的人，这样事情才可能得到解决。

■ 在工作中获得的成功方法，同样适用于生活。也就是说，只要坚持一些简单的原则，你就可以获得工作和生活双丰收。

第 3 章

没有公司该为你的生计负责

认清公司和你的关系

这个世界什么都不欠你的，公司也是如此。你来上班之前，公司可能就运转得很好，你的到来并不具有什么非凡的历史使命；同样的，你离开了公司，它也不太可能就此中落、破产，你不过是在那儿上班而已，公司从来就不欠你什么，离开你公司也照常运转！

我的公司曾有一个前台接待员，她在工作时间内总是举止随意，想干什么就干什么。她没事就核对下自己的工资，剪剪指甲，打电话聊天，甚至在工作时间把朋友接到办公室来玩。我跟她谈话时，她理直气壮地告诉我这是她的办公桌，她想干什么是她的事，我管不着。行啊，如果她这么想的话，问题也容易解决。30 秒钟之后，那张办公桌就不再属于她了——她直接被炒掉了。

员工们渐渐形成了一种想法，认为向公司索取是他们的权利。许多人过分依赖公司，认为别人都该为他的生计负责——理应是员工为公司服务，但事实上他们想的恰恰相反，认为公司有义务在大大小小各个方面照顾到员工，保证他们的利益。手指被打印纸划破了个口子怎么办？向公司申请医疗报销吧！有人故意滋事骚扰怎么办？上报公司申请精神赔偿呗！碰到这样的事上司还不能置之不理——不管？你就等着吃官司吧！

> “不要到处抱怨这个世界对你不公平，世界什么都不欠你的，因为它先于一切存在。”
>
> ——马克·吐温

这些事一直让我很头疼。事实上，你的公司需要做的只是为你提供一个安全的工作环境，这就够了。公司没有义务保证你的工作环境里没有一些你看不惯的蠢人。跟你合不来的人到处都有，公司内公司外都有。确实，遇到合不来的人我也很烦，但还没有法律规定那些人不许出门。如果就是这一点上有问题，那唯一的解决方法就是不再招进新人，唯有这样才能杜绝工作环境中出现令你厌烦的人。但即便如此，你的老板、同事、顾客就不会向你抱怨发飙了吗？你只会越来越烦，暴躁压抑，甚至还会狠踢一脚来发泄，但结果只会让自己脚疼。而且这种情况无时无刻不会发生，你还是无能为力。可这就是生活，你觉得呢？

公司是不会考虑你的情绪的，他们也没必要去考虑你的情绪。他们应该关心你的权利，也会尽可能地保证你的权利。但是他们没时间、没钱，更没有必要去关心你是不是开心。如果你工作得很愉快，那么恭喜你！如果你工作得很郁闷，那是你的事，不是公司的。别忘了你来上班是领薪水的，那就什么废话也别多说，继续干活吧！

公司的经营目的是盈利，不是保证你每天都能开开心心。只有当公司盈利后才能付给你工资，你才能继续工作，为客户服务，客户付钱给公司，公司在保证利润的基础上才能再付给你工资，如此循环下去。你该做的就是努力推动这个循环，而不是整天哭天抹泪、怨天尤人，拖公司的后腿。

除了可以享受一个安全的工作环境，你每天还有一定数额的工资可以领。但是，如果你应该做的工作没有完成，那我认为你就不配拿这份工钱。以上就是我的看法，我自认为非常正确。但实在不理解为什么有的人不明白。

一言既出，驷马难追

我十分欣赏“一言为定”这个词。当你进入一家公司开始工作的时候，你其实就作出了承诺。你承诺在他们要求你出现的时候必须准时出现，完成公司要求你做的工作，然后领取薪水——金额也是你认可的。决定了就不能反悔，其他的什么都别多说了，只管照做就行了。当然还有许多细节，比如要签署协议等等。但我几乎可以百分之百保证，你签的协议里不会有保证你工作时非常高兴这一项，也不会保证你的同事都是背着翅膀顶着光圈的天使，都会喜爱你、尊敬你、善待你，更不会承诺说你不会疲惫、不会难过，不会被工作弄得发疯或者情感上受到伤害。你仅仅是根据工作和酬劳与公司签了协议，接下来你工作，然后他们给你发工资，如此而已。

前辈们的敬业精神

我们前辈的职业精神是什么样呢？他们之所以去上班是因为那是他们的工作，是应该做的分内的事，他们严格恪守自己的义务和承诺。他们从小就被教育要为说出的话负责任，因此当一个人对别人说自己要去工作了，毫无疑问就会真的去做。如果工作中有什么不顺心的地方，哦，好吧，那就说服自己这就是工作。被气得发疯，那也还是工作，所以也没有办法，你应该庆幸还能为此烦恼，这至少说明你还有工作可做。如果你和一个白痴一起工作，有什么问题都只能自己处理。要是你的上司是个笨蛋——忍着，谁让他是你的上司呢！

我父亲在美国西尔斯百货公司工作了47年。他17岁进入公司，中途两次被征兵去参加二战。他常常在生病时异常怀念工作的时光，虽然他在工作上也绝非一帆风顺。他也曾每天和一些蠢人一起上班，甚至有时必须为一些不讲理的人工作，但我极少听到他抱怨什么。他工作非常认真，几乎每天都是筋疲力尽地回家。就这样，他在公司仓库干了20多年。直到有一次一台冰箱不幸砸中他之后，他被调到店内工作，销售体育用品。但就算是他受伤那次，他也未曾指责、控告公司里的任何人。他被送到医院，痊愈后依旧上班。没有埋怨谁，也没有抱怨，就这么在同一家公司一待就是47年，相当于17000多天，天天朝九晚五地去上班。而且，我向你保证，在那儿的每一天，他都是踏踏实实地干活，没有哪一天计划着偷懒放松。他从没考虑过是否会得到升迁、别人的态度是好是坏，或者自己的权益是不是得到了维护，他只是干活。他唯一想的就是，因为他拿了薪水，所以要认真工作。是什么能使他做到这样？因为他知道自己身负重任——他要养家，有许多账单等着要付。但比这些更重要的是，他牢记自己17岁时与公司定下的协定：我为你们工作，你们付我薪水，就是这样。这个协定再简单不过，而他始终遵守着，因为他有一颗诚实的心，所以说出口的话就一定会做到。虽然在许多人眼中，这种活儿枯燥乏味，根本不需要动脑子，在现在的社会里只会给没有文化的人去做，但他依然引以为荣。不信我说的？去商场超市亲身体验一下你就明白了。就是这样的工作，我父亲依然认真对待，准时上班，在工作时间内恪尽职守，服务上尽心尽力，做好别人要求他做的事——因为那是工作的一部分。为什么他能这么任劳任怨？因为不管你是否喜欢这份工作、上班时是否高兴、工作时觉得干劲十足还是无聊得要命，与公司的协定，都是绝对要遵守的，那就是——他们给你薪水，而你，要付出劳动。

“拉里，你想想，连自己的正当权益都不争取，那个时代早就过去了！”

你说得对，时代在进步，我赞同维护自己的正当权益，但是仔细想想，我们是不是做得过头了？我们希望自己的权益得到满足，难道公司就没有属于自己的权益吗？

为什么你不高兴，公司也得受牵连？为什么老板甚至还要关心你是不是开心？不管你高兴与否，该做的工作还是得做，该给顾客提供的服务还是要提供，该装船还是得去装，该修打印机就得去修，电话也得照常应答，因为公司雇你来就是让你做事的。作为你的老板，我根本没有义务去考虑你是否愉快，是否干劲十足。另外，我自己同样有一大堆事情需要处理，我也是人，你有的烦恼我也有。而且，我还要保证公司顺利运转，正常盈利，这样才能确保按时给员工发工资。

什么是真正的公平

为什么不来上班？等一下，用不着告诉我，我并不想知道。这也没什么大不了的——无论对我还是你的上司都是如此。只要公司按照最初的合同按时付给你工资，那么你就欠了公司相应的劳动量。

时刻记住你是你们公司的一个支出项。如果你拿到的工资大于你对公司做出的贡献，久而久之，公司就会受不了。因为把钱花在你身上并不划算，所以公司随时可以找个人来代替你，做好你做不到的事——相比公司付给他的薪水，他能创造出更大的价值。

假设现在我是你的老板，告诉你，我的态度就是：别说那么多，把你该干的事都干好。你不照做，就别怪我随时把你踢出公司！

这公平吗？这当然很公平。这对我的顾客公平，对那些必须因为你的懒惰多分担工作的其他员工公平，这对我来说也公平，因为我是付你工资的人。而且，最重要的是这对你来说也是公平的——你付出多少劳动，我给你多少报酬。并非站着说话不腰疼——如果你是我的上司，我也会心甘情愿地接受这种安排！

明白了吗？不工作——没有报酬，不工作——等着丢掉饭碗。

> “我们这个时代越来越朝着一个方向发展，那就是每个人都在谈自己的权利，而没有人谈自己的责任。”
>
> ——牛顿·米诺　美国联邦通讯委员会前任主席

关于谋生的几点技巧：

■ 永远记住，别人不欠你什么。

■ 一言既出，驷马难追。记住这一点，承诺的事就要去兑现。

■ 时刻记住长辈们的敬业精神：他们之所以去上班，是因为那是他们的工作，是应该做的，并且他们严格恪守自己的义务和承诺。

■ 努力让自己创造的价值大于所领取的工资。

■ 公司存在的目的是盈利，而不是保证你能天天高兴。

■ 对你自己的事情负起应有的责任。

第 4 章

结果说明一切

公司为什么雇你来?

“那还用说,拉里,他们当然是希望我努力工作了!”

如果这么想你就大错特错了!没准之前你就以为这本书的内容是“如何努力工作”,但其实不然。

努力工作是好事,我也欣赏在工作中勤勤恳恳的人。但你要搞清楚一点,公司叫你来不是为了让你整天忙碌奔波的,甚至公司根本就不在乎你花费了多少精力,做出了多少努力。

为什么?那是因为公司看重的是结果。你做什么无关紧要,重要的是你完成了多少工作。还记得第一章里提到的“必须完成事项列表”吗?我告诉过你会重复提及之前的内容——这个表格的意义也就在于,它提醒你要认准工作的目标,高效率地完成任务,而不是毫无意义地奔波。

正如我们看到的,有些人不费吹灰之力就能完成很多工作。他们不但能轻松创造销售额,还能让顾客满意,对他们赞不绝口,对于出现的问题也能很快解决。但有的人为了完成等量的工作却需要投入大量的时间和精力。作为你的上司,如果我看到你的同事能轻松搞定的事,你却历尽艰难才能完成,别怪我不会过多体谅你的辛苦。而且也别跟我抱怨你的同事虽然漂亮地完成了工作,却成天晃晃悠悠吊儿郎当,在这种情况下我是不会站在你这一边的。**因为我要的是结果,不是你辛苦的过程。**

我们在考查一个员工时，往往只注重一些无关紧要的表象，而作为最重要的工作结果这一项却往往不被重视。这就叫本末倒置。想一想这么多年来你得到了什么？就个人层面来讲,你的奋斗成果体现在房子、车子、服饰、工作,甚至朋友、配偶、健康和幸福上——一切你曾经付出的包括现在正在做的,决定了你现在拥有什么。就事业而言,你所拥有的——包括你的办公室、收入、为他人和团队提供的服务,还有你的员工……你的公司曾经或是现在正在付出的，决定了公司的业绩和实力。

对于工作结果,千万不要自欺欺人。那些公司宣传手册、标语、任务宣言爱怎么说就怎么说吧,关键是这些东西能不能对完成任务有所帮助。

结果会诚实地说明一切。

为何结果总是不尽如人意?

工作的完成效果达不到预期的首要原因就是：人们对工作的漠不关心。

没有人在意工作完成的质量。员工不在乎自己的工作做的是好是坏,怎么样都无所谓,老板不严格要求,更没人去管顾客的感受。一项研究表明,顾客不再忠诚地购买某个公司的产品，最主要的原因就是公司的态度让他们觉得自己根本不受重视。但就算是这样,当顾客们对服务态度感到不满时一般也不会投诉公司,因为他们觉得说了也无济于事,改变不了现状。员工不会在意这些事,甚至他们从来不觉得有什么事需要他们负起责任。对顾客以及工作结果的漠然、毫无责任感成了公司上下的一贯作风。不信？随便你,我不在乎!

对于这种没有责任感的员工,即使把他们开除了,他们也还是能轻松地找到另一份工作，还会有某个倒霉的家伙会雇用他们。为什么呢？很简单,当新雇主向前任雇主索取员工鉴定的时候，前任雇主在法律上不能对这个员工作出任何消极的评价。这样,员工就可以一个接一个地换工作,而公司老板却不能联手确保素质低下的员工不被录用。明白了吧!

员工没有责任感的原因是,没人要求他们负起责任。没人告诉他们周到地服务客户、保持工作环境整洁、衣着得体形象端正、与同事和谐相处、尽己所能为公司创造财富是他们分内的事。他们不明白一个运转良好的公司只有稳固地在市场上立足,才能保证员工从中获得好处。几乎所有员工都不知道他们每领取40000美元薪水时，公司要付出它的40%作为相关运营成本。这是个很好的例子,如果把它讲给你的员工听,相信他们会对定价、服务、薪酬、经营成本有更进一步的理解,会明白经营公司不是那么简单的事。

作为一个老板或总经理,问问自己,花钱雇人来是为了什么?答案一定是,为的是他们创造的业绩。老板花钱买的,不是员工工作的这段时间,也不是他们的工作态度,更不是他们的工作热情,就只是工作结果。

我聘请的总经理维克·奥斯汀,就是一个再合适不过的例子。维克做事亲力亲为,相比于我,好像是他在经营公司。我有时提供想法,但是否实施,决定权在他身上。他游走于客户、经理和员工之间,处理所有供应商的事宜,公司每天运行的大部分决策都是由他来作出的。我绝对信任他,只要他能让顾客满意,让公司里的员工都能创造收益,我就给他充分的权力,让他放手去干。

我拥有公司,维克却在经营这个公司,相当于我在他的手下工作。

我不知道维克做了多少工作。但我知道他有很多时间出去休假娱乐:玩漂流,骑车出游,参加马拉松,甚至有时好像松松散散没干正事——他在外游玩的时间比待在公司里的时间还多。你猜我会怎么想?我根本就不在乎。我知道他在做什么,但我毫不介意。为什么?因为我要求他干的事他从来都出色地完成了。事实上我不管他在工作上花费了多长时间,不管是80个小时还是8小时,那都跟我没关系。我在乎的是他该干的工作都做完了,那就行了。如果他能用8个小时干完该干的,那恭喜他;如果他花了80个小时做完工作,那也是他的事。这是他的工作,所以他应该尽力完成。对于他的情绪,也不在我应该考虑的范围之内——不管他高兴与否。我希望他一切顺利,但抱歉,我雇他来不是为了让他开心的,我要的只是工作结果。而他也从未让我失望过,总能及时完成工作。其他的事,对我来说无所谓。我们都明白这一点,所以也都这么做。

我在商界的朋友们都很羡慕我,希望自己也能找到像维克这么得力的经理。我告诉他们,照他们现在的做法,很难找到满意的人才。第一,如果有这样的人,他们做不到真正信任他,让他去经营公司。他们过于谨慎,不敢放权,认为什么事最终都得自己过目才放心。第二,他们给的薪水不够多。他们又想要好的员工,又只给他们勉强度日的薪水,还不给予他们充分的信任,不给他们大展拳脚的空间,这就是问题所在。如果他们能改掉这些毛病，那他们随时都能轻易地找到合适的人选。

对我举的这个例子存有异议？让我猜猜，你是不是想说："不是所有人的公司都像你的公司一样规模那么小，我们的公司规模很大，有严格的制度要求员工都要待在自己的岗位上，要是雇员都像维克那样动不动就休假，那还得了！你的想法不错，但不是放在哪儿都适用的。"说得不错，但我举例的目的是想总结其中的道理，不是让你直接套用的。这个例子的意义就在于提醒上司，务必要看重结果，鼓励员工以完成工作为重，当然还可以设立奖励制度。并且，可以适当给员工权力，以便他们更好地完成工作。结果就是一切。而令人满意的工作结果，是员工和老板共同的追求。

时刻记着你的工作目标是完成工作，你拿薪水为的就是这个。工作结果显示出一个人办事是否有效率，但这跟看起来忙不忙没有直接关系。

发现员工热衷于干一些根本没必要做的事，办正事却完全不行，这是最让人感觉郁闷的了！

> "千万不要把行动上的积极和真正获得成就弄混淆。"
>
> ——约翰·伍德　美国加州大学著名篮球教练
>
> "完全闲着的人终会一事无成，而终日忙忙碌碌的人也好不了多少。"　——威廉姆·亨奇·奥格尔维

薪水和你付出的服务价值有关

如果员工工作完成得很好,在工资上就不要过于吝啬。记住,你希望自己变得富有,但同时想让别人都身无分文是不可能的。多分享一些财富,公司会经营得更好。

有的公司吹嘘自己以极低的成本就实现了业绩，听起来令人难以置信。告诉我,你是否曾花极少的钱就得到了出色的工作成果?这几乎是不可能的。你付出多少就会得到多少,所以在条件允许的情况下尽可能多付给员工一些工资吧。如果别人都知道你是个对员工慷慨的人，就会吸引更多的人想要为你工作。如果一个员工拿的薪水令他十分满意,即使其他公司的工资可能高出一星半点，他也会继续目前的工作而不会想要跳槽。你对员工慷慨,换来的是员工对你的忠诚。

> "微薪养蠢材。"
>
> ——詹姆斯·古尔斯密

服务做得好不好,是决定你的生意成功与否的关键。顾客对你的服务越满意,就会越发青睐你公司的产品,产品的销路也会越来越广。当你卖出的产品使他们的生活更加高效、便捷，或是给他们带来了快乐，那你的服务就是成功的——这是对销售人员而言。而领导者存在的意义就是服务于那些为他工作的人——正是由于服务的内容不同，因此才决定了人们在公司里担任不同的角色。但有一点对任何人都适用：你服务得越好，你为所在的公司创造的价值就越多，你赚得也就越多。

每小时只挣6美元的人，每小时提供的服务也就值6美元！承认吧，整天对着客人说："还需要一些薯条吗？"——这种工作也就值这么多薪水。每小时挣25000美元的人也理应拿那么多，是因为他创造的价值值25000美元，这种工作不是人人都能胜任的，就像做开颅手术。

薪水上的区别绝不仅仅是由于工作时间上的差异。就像刚才说的这个例子，双方都工作了一个小时，区别在于这一个小时里他们提供的服务的价值。

别忘记你的老板是谁

每个人都有自己的上司，不管公司大小，每个人都各自听命于某个人——顶头上司，或者自己的老板——股东。每个人都在为他人工作，没有人能例外。

你的老板有权指示你，因为他是你的上司。他告诉你该干什么；他决定你什么时候来上班什么时候可以回家；他决定你的同事是谁,他决定你什么时候可以休假。老板有权决定你做什么,什么时候做,拿多少薪水。如果你不按照老板的要求去做,他可以名正言顺地指出并斥责你。因为那是他的本职工作,因为如果他的工作没有做好,那他也会受到他的上司的责罚。明白了?

人人都有老板,但最终的老板是顾客。我们每个人都有自己的顾客,虽然我们对他们的称呼各不相同:律师称他们的顾客为委托人,医生称他们的顾客为病人,作者称他们的顾客为读者,演说者称他们的顾客为听众。但绝大多数生意人就叫他们为“顾客”。怎么称呼他们无所谓,但我们必须明白的是,他们是我们最终的老板。顾客拿着钱,而你要做的就是为他们服务,然后为公司或是自己赚取他们手上的钱。顾客决定你能否维持生计,你能赚多少钱。顾客同时还决定你什么时候去上班,什么时候才能回家。同样的,如果你没有做好自己的工作,他们随时可以指出来并向你抱怨。并且,这种终极老板,比你在公司面对的上司的地位还要重要。

拉里对努力完成工作的几点建议:

- 时刻记住结果是最重要的,结果体现一切。
- 给员工一个整体框架,让他们明白自己为什么工作。
- 你曾经付出的和正在付出的一切决定了你所拥有的。

■ 在每一个小时内尽量多办实事，而不是为一件事周旋好几个小时。

■ 工作达不到预期效果的首要原因就是人们对工作结果的冷淡。

■ 拿丰厚薪水的员工往往对公司特别忠心。

■ 公司要的是结果,不是你努力的过程。

第 5 章

结果不好？是因为你做错了

听上去很刺耳，是吧？

不过我就是要说，你种的什么因就会得什么果。事情都是你自己做出来的，所以别找借口。结果不好跟你的老板和同事没有半点关系，别把气撒在你的爱人、亲戚、孩子，甚至小学一年级老师身上。更别抱怨事情没做好是因为你上年纪了，睡眠不足，或是老天不厚爱你，没给你一副好身材。你找尽借口想辩解自己的失败是别人的错，但那都是瞎扯。你需要清清楚楚地认识到，你现在的结果，是你一手造成的，跟别人没有任何关系。你赚多少钱，是否快乐，人缘怎么样，住在怎样的房子里，开的是什么档次的车……这一切的一切，都是你自己决定的！

你不接受？我也无所谓。因为这个规则不是我定的，而且我的一举一动也跳不出这个规则。你的生活怎样是你自己选择的。你的想法和态度、说过的话、做过的事决定了你的现状。

即使再不好,也要自己面对,自己解决。

如果你的人生处处失败,那都是你一手造成的。

这么说太尖锐?哦,那太糟了。不过非常抱歉,我并没打算迎合你,也不指望你对这本书能爱不释手。要是你乐意看那种童话寓言般幼稚的商业书籍,尽管丢下这本书去看吧。

我们把以上道理从个人层面提升到商业层面上就是:

如果你生意做得一塌糊涂,那是因为作为一个商人,你本身就很失败;

如果你销售业绩低下,那是因为作为销售员,你根本就不合格;

如果你的下属各方面素质不行,那说明作为经理,你的管理能力不强;

如果客户服务做得不好,那首要原因绝对是提供服务的人不行!

希望所有人看到上面这些话之后都能报以赞同的一笑。但肯定有人没笑,因为很可能这些话触到了你的痛处,你也许会非常气愤地大叫:"这太不公平了!"

哈!你凭什么认为生活就是公平的?生活本来就不公平。但这件事根本与公平与否无关。因为这就是事实。一个人事情都做错了，结果会好得了吗？一个人事情做对了，那结果会差到哪里吗？同样的，一个公司经营有问题，最后结果肯定不怎么样，而一个公司经营良好，也必然能从业绩上反映出来。

想要成功一点儿也不复杂，那些道理其实很简单，需要的仅仅就是努力。我会给你一些简洁明确的指导，帮助你从失败的谷底挣脱出来，一步步爬上成功的顶峰：你的销售业绩会一路攀升，对下属的管理将会更加轻松有效，在客户服务方面做得更好，制定决策迅速准确，在成功的同时能找到更加快乐的诀窍。我保证会给你简单实用、便于实践还能快速见效的方法——但大前提是，你必须得认同以下观点，否则那些方法无法发挥作用。这个观点就是——

失败的原因，毫无疑问多数都要算到你自己的头上。如果你能同意并接受这一点，那你就等于握住了开启生活和事业成功之门的钥匙。

勇敢面对自己的问题

不过，要做到这一点十分困难。因为不管是个人还是企业，极少有人可以坦然承认失败是由自己的错误导致的。

想不再到处找借口为自己开脱，想像个男人一样为自己做的事负责吗？不妨试一试下面的做法：

照镜原则。当你遇到很多不如意的事情,烦得想找地方发泄时,有一个最好的去处:镜子前面。

现在就尝试一下吧!没错,马上站起来,拿着这本书走到镜子前。浴室是诚实面对自己、扪心自问的绝佳地方,所以走到浴室里,快!直视镜子里自己的眼睛,说下面这段话:

"一切都是我的错。是我把事情搞糟的。就是因为我的所作所为,事情变成了现在的样子,也只有我能解决它,事在人为,一切都看我的了。"

好,至少刚才你是诚实的(虽然我十分怀疑你是不是真的去了浴室)。

不管结果是失败还是成功,你都能接受。即便结局惨不忍睹,一团糟,你还是甘愿接受,觉得没什么大不了。

"不,我不是这样的!我自我要求很高,我憎恨失败!"

别瞎说了。你其实很高兴让事情任其发展,要不然你早就采取行动了。有问题时你会抱怨,但从没认真想过该怎么解决。相比寻找解决的方法,你更乐意花大笔时间抱怨问题的存在。就在发牢骚的过程中,时间过去了,问题照样不能得到解决。

只要你没有积极改正自己的问题,就说明你能接受失败,或者至少你不讨厌失败,因为你没有做出任何实际行动来改变现状。

让你做得更好的几点技巧：

■ 停止抱怨自己的失败，因为别人根本不在乎。

■ 发牢骚只会让现状更糟。

■ 诚实地审视结果，好好想一想你做过的什么事导致了这样的结果。

■ 站在镜子前直视自己的眼睛，承认一切失败都是自己的错误导致的，为自己的失败负责。

■ 认真审视一下自己，想象自己经历过的挫折和困境，这一次也一定能挺过去。

■ 总结未来要改进的地方，写下来列出清单。

■ 下决心要做到更好，立即付诸行动，让自己忙碌起来！

第 6 章

提升自身，让自己变得无比珍贵

卡洛琳娜，值得信赖的速递员

我在家附近的 UPS 门店寄送和接收所有的邮件。给别人留地址时，我也留那儿的地址。一方面，因为经常出差，我不想让门口堆满邮件；另一方面，我也不想让别人知道我家的地址。(我必须要提防那些不喜欢我言论的人！)我认识那家 UPS 门店的所有员工。我是个大个子，行为也有些怪异，所以也很容易被别人记住。而且我还会经常收到一些令人匪夷所思的东西。举个例子，如果我打电话让你帮我签收一头水牛的头盖骨，相信你也会大吃一惊的，一定对我印象深刻。卡洛琳娜是那里经常接待我的员工，我完全信赖她，她帮我打理我所有收发的邮件、包裹。她的脸上总带着微笑，每当我需要寄送一些非常重要的东西，她脸上的微笑总能让我非常踏实。那里的其他员工也都非常不错，但我每次都找卡洛琳娜。她读过我的书，看过我的 DVD，听过我的 CD，她甚至在电脑旁摆放了一个以我为造型的摇头娃娃。她了解我，知道我是做什么的。甚至在我搬家后，有离得更近的快递门店，我仍然决定不更换邮寄地址，因为我已经习惯了卡洛琳娜的服务，也不想再从头“培训新人”。她偶尔还会为我准备几块巧克力，这些细心的关怀让我成为了她忠实的客户。

一天，在这家 UPS 门店门口，我看到一则招聘启事。于是我走进去询问卡洛琳娜，这里是要增加人手，还是有人要离开。她告诉我正是她准备要离开。我立刻瘫倒在地，不停地抽泣！哈哈，我当然只是开个玩笑。不过我当时确实很失望。在过去的 5 年里，我逐步建立起对她、对这家快递公司的信任，我们已经成了无话不谈的朋友，她为我照看信件、包裹，可是她现在要走了！回家后，我跟妻子说，估计以后我不会再去那里寄邮件了，要换一个离家更近的快递公司。因为卡洛琳娜的离职，我对 UPS 的依赖也就消失了，我不确定新人能把事情做好。

随着时间的推移，新人能把我那些邮件、包裹处理好吗？能为我提供优质的服务吗？当然可以！虽然新人不是卡洛琳娜，他或她也一定能提供优质的服务。但问题是卡洛琳娜让我觉得那家 UPS 店不是家快递公司，而是个值得托付邮件的地方，我的东西在那儿能得到很好的照顾。我信任她本人，而不是她所在的公司。她努力了解我、照看好我的东西，在我们之间建立信任，所有这些努力都使她变得对我来说无比珍贵。

当你的客户依赖你，胜过依赖你的公司，那么你就无比珍贵了。

“那好，拉里，我该怎么做才能无比珍贵呢？”

努力工作，同时发奋提升自己

为了提升自己，你在业余时间都做了哪些事情？读书？看成功人士励志的视频？还是研究公司的产品或者竞争对手？大多数人会说：“哦，不，不！我的时间是我自己的。要让我做这些，公司要付我工资才行呢！”

如果你一直抱有这种思想，就注定不能成功。即使你全身心地投入工作，却看不到通往成功道路的全景图。也许你是世界上最具潜质的销售员，每天都努力工作，但如果你只是上班时付出努力，那么充其量也就是世界上最勤奋的销售员。

你的未来由你掌控，而不是你的老板。为了工作状况能越来越好，你就必须不断提升自己，而这些必须在下班后完成。有些老板为员工提供了职业培训，可是对此感兴趣的员工却寥寥无几。我猜想他们是工作太忙了。

以你能想出的各种形式提升自己，不放过任何一次机会。阅读一本关于成功的书并不需要花费很多时间。每天睡觉前花上30分钟,这30分钟就能让你更吸引老板的注意,有升职机会时,他会首先想到你;这30分钟还能让你在公司裁员时,逃过一劫。

人们被解雇、降职、没能升职、没能加薪的原因只有一条:他们的工作表现使他们无法晋升、无法加薪,甚至被降职、被解雇。也许没有人告诉你这是无法升职的原因,因为几乎没有老板会告诉你实情。他们通常会说些冠冕堂皇的理由来安慰你,而不是直接告诉你:“你的工作表现很糟糕——这一切都是你应得的!”除了这个原因之外,另外一个事实是你没有做出一个像样的成绩,使你留下来或者得到晋升,而其他人做到了。这种观点是不是又让你大跌眼镜?你认为被解雇是因为公司裁员;你认为别人升职是因为他是个马屁精;你认为自己没有得到加薪是因为遭到了不公平的待遇——但事实是,你努力得不够,你没有做好应该做的工作。

如果你想得到公司提供的各种机会,比如升职、加薪,就请努力提高自己,让自己变得无比珍贵——比其他人更了解公司的产品和服务,更了解竞争对手和市场环境;最早来公司,最晚离开公司;做其他员工都不愿意做的工作;提高工作效率;学会果断地作出决定;从来不发牢骚;让别人看到自己是个执行力强的人;自愿地做一些分外的工作;取得工作业绩。总之一句话:不遗余力地努力工作!

下面的做法会让你的工作有充分的保障，让你成为公司离不开的员工，成为客户离不开的员工，成为公司、老板、同事、客户值得依赖、随时需要的员工。

不要认为做到这一点很难。使你无比珍贵的关键其实很简单。我本人非常喜欢波士顿，这座城市环境美丽、历史悠久，还有美味的食物。我每年都会去上两三次，每次都会在同一家海鲜餐馆里吃饭。因为经常是一个人去，我选择坐在吧台上吃。这里的一位吧台服务生通常会跟我聊上几句，再帮我点餐，我总是喜欢点一份海鲜杂烩浓汤，一份蟹肉饼。我还记得第一次和这个吧台服务生见面的情形。他问了我的名字和职业，之后每次再去，他居然能叫出我的名字，还询问我是否还点同样的菜。有一次，我问他怎么能做到不仅叫出我的名字，还能记住我曾点过的菜。他说从他开始来这儿工作的第一天起，就下定决心，要努力记住顾客的名字和他们吃饭的喜好。我对他立刻刮目相看。他笑了，说："老板留我在这儿工作，主要是因为我能记住进来的每位顾客的名字和他们喜欢吃的东西。人们喜欢被别人叫出名字，给小费时他们也会很大方。"从我个人的体会来讲，我确信顾客会给他更多的小费。我很清楚在波士顿能找出至少50家餐厅的海鲜杂烩浓汤和蟹肉饼做得要比这家好吃，可是那里没有这个服务生，所以我坚持去同一家餐厅，坚持点同样的菜，坚持留下更多的小费。

这个服务生做到这些很难吗?的确不容易!要记住所有的顾客名字和他们的喜好确实不易。但这么做很复杂吗?其实并不复杂!他对于那家餐厅是笔无价的财富,对我来说也是。他因为他的无价而挣得了更多的钱。看到了吧,只要稍稍努力,每个人都能从中获益!

你属于哪一类?

有一次,我应邀给一家公司的200人作讲座。我一到那家公司,就有20多人把我围住,向我介绍自己的姓名及职位,跟我说有任何需要帮忙的地方尽管找他们。我立刻预感到会遇到麻烦,因为组织这样规模的讲座,根本不需要这么多人。20多人在一起,组织一场200人的会议,只能把过程复杂化。我在台上演讲时,前面需要放一张桌子,在会议室后面还需要放一张桌子,准备签名售书用。我提前告诉过组织者,却没有看到桌子。我告诉刚才向我做介绍的所有人,我需要两张桌子,马上就要。我告诉了组织者、主持人、舞台设计师、灯光师、音响师,凡是能找到的人我都告诉了,每次得到的回答都是:"没问题!"直到中间休息,开始准备上台了,我也没看到那两张桌子。这时,台下的一些听众走过来。其中一位问道:"你看起来不太高兴,有什么需要帮忙的吗?"我告诉他我需要两张桌子,以及摆放桌子的位置。他告诉我不用担心，他会立刻想办法的。果然，不一会儿桌子就出现在应该出现的位置上。我非常感谢他，问他在公司的职位，因为其他人都非常急于告诉我自己的职位。他说："我就是做实事的人！"我们需要的就是这样的人，做实事的人！

然而，大多数人都像其他人那样，试图用他们的职位和美丽的承诺吸引我，但真正需要他们做事时，他们却像变了个人，效率极低。他们注重嘴上功夫，却很少办实事。

你每天都能遇到这两类人：一类很少能拿出卓有成效的工作成绩；而另一类是无价珍宝，他们会做实实在在的事。

现在，努力成为公司无价珍宝的人并不多。实际上，大多数人都在做着与此相反的努力。他们不注重工作成效；他们对生产流程一窍不通，缺乏对整个行业的宏观了解，对竞争对手知之甚少，不知道与同事和睦相处；他们来上班就好像公司应该养着他们；他们经常无故请假，不停地发牢骚；他们从来不读书，不学习，不听别人的建议；许多人甚至会记错上班时间；他们把客户当做一种负担，没有热情；他们只努力工作到不被解雇的程度；他们像吸血鬼一样吸食公司的金钱、活力和生命。

不要把今天的事情留到明天

不要把今天的事情留到明天！——这是对每位员工、老板、经理，对所有工作着的人都适用的箴言。

如果你有一个好的想法，那么今天就开始实施吧，不要拖到明天！好的想法经不起时间的拖延。

> “今天实施的一个好主意，胜过明天实施的一个完美想法！”
>
> ——乔治·史密斯·巴顿将军

如果你是个做什么事情都慢悠悠的人，嘴上总是说，“不用着急，我们有的是时间”，我会尽量非常有礼貌地、轻柔地跟你说：“你是个傻瓜。知道吗？时间不多！你必须抓紧，你没有大把的时间可以浪费，快点行动吧！”

什么时候给客户打电话最合适？今天！

什么时候赞扬员工，称赞他做得不错？今天！

什么时候感谢同事在项目上帮助了你？今天！

什么时候解雇不称职的员工？今天！

什么时候清理一下办公桌？今天！

什么时候做值得做的事情？今天！

不是在明天！绝不要想着明天做！答案永远是“今天”！

> “今天能够着手进行的事情绝不拖到明天！”
>
> ——亚伯拉罕·林肯

一旦开始加快工作节奏，你通常不容易出错；相反，如果总是为该做什么、怎么做思前想后，大脑却会常常短路，你会开始想怎么做最容易，而不是怎么做最正确。正确的选择常常是由心而生。当加快工作节奏，你做事就不会过多地寻找捷径，更多的是会凭借直觉，听从内心的选择。

我并不是要批判深入思考，我从来没说过要不假思索地作出选择。绝对不是！我是希望大家在做事情时，要有紧迫感。

我认为，只要具备了条件，就应该马上行动。没有什么事情可以一拖再拖。马上行动意味着凭直觉做事。我相信人们有非常好的直觉。我相信当人们需要、期望做正确的事时，就一定会做到。当你期望工作能尽快完成，完成工作后给自己一些小小的奖励，工作自然会很快完成。相反，如果你在实际行动之前，留出许多时间来计划、思考，思路就开始游离，开始寻找做事情的捷径。

> 当你期望工作能尽快完成，
> 完成工作后给自己一些小小的奖励，
> 工作自然会很快完成。

让自己变得无比珍贵的不利方面

“什么？还有不利的方面？”

不幸的是，确实有！

同事会取笑你，在背后说你的坏话、批评你，管你叫“马屁精”、“工作狂”，有些人甚至会恶语中伤你。你该怎么办？你工作是为了你的家庭，不是为了他们，所以尽管让他们说去吧！

即使是被你称为朋友的人也会这么议论你。当我越来越成功的时候，慢慢意识到，尽管你的朋友希望你能取得成功，但他们绝不希望你比他们更成功。

这就是为什么我不建议你与同事的关系过于密切。你只是和他们一起工作，应该相互尊重，珍惜彼此的友情，但是你没有必要和他们分享你的梦想与抱负。

坚持这个信条会对你有好处——别人怎么看我是别人的事，与我无关！

即便你是好员工，有时也很难幸免于难

我不能对今天现实的商业环境避而不谈。我知道如今的商业大环境非常低迷，有些公司由于所从事行业的原因，不得不裁掉非常优秀、勤奋的员工。我很遗憾，但是这种事情确实会发生。

没有人能幸免。

如果这种倒霉事哪一天落到你头上，我的建议是：接受现实吧，不要埋怨了，利索地离开，去再找一份工作！当你再找到新工作时，从头开始，再不惜一切代价，让自己变得无比珍贵！

千万不要告诉我你找不到新工作。工作机会到处都有，只不过与原来的工作不完全相同而已。比如，你曾经是一家大型制造企业年薪9万美元的工程师，可以领取失业救济金的期限已经快到了，你的家庭正在经历财政危机。你已经快还不上信用卡的赊账了，不知道下个月该怎么过。你已经把自己的简历发出去，准备再找一份与以往工作经验相匹配的工程师的工作。可是这些简历却石沉大海。接下来你该怎么办呢？不如去找一份工作，哪怕它与你以往做过的工作毫不相关。你有账单要付，所以找一份工作，任何工作都可以。无论什么工作，挣到的钱都可以用来付账单。有工作做，对你有好处，因为找工

作的最佳时间是你有一份工作的时候。

“知道我是谁吗？别看我现在没工作，实际上我是怀才不遇呀！”

我很清楚你是谁：你是个身无分文的无业游民。别自欺欺人地说自己怀才不遇，没遇到合适的工作。你不是！只要是能够让餐桌上摆满食物、银行里有存款、能养活家人的工作就适合你，这份工作可能不是你期待已久的或是令你感到无比骄傲的，但也绝对没有委屈你。别忘了你肩上的重任，要照顾家人，这份工作能帮你完成这个任务。

我主持美国A&E电视网的脱口秀节目《消费达人》。最近一次录制节目时，我遇到一位失业6个月的男士。他以前的公司由于经济衰退不得不裁员。之前，他年薪5万美元，在那家公司工作了14年。在失业的6个月里，他一直抱怨过去他年薪5万，为什么现在却连一份每小时12美元的工作都找不到？我告诉他我曾经有头发(现在我是个秃头)。我解释说，在一家公司工作14年的薪水，与另一行业的另一家公司里能挣到的薪水没有关系。另外，我告诉他，他在过去的6个月里，一分钱都没挣到。

还有一个例子。我曾告诉一位失业的女士，她需要找一份工作。这位女士身无分文，和她爸爸一起住。她爸爸打两份工，照顾她、她的两个儿子还有她的丈夫。我建议她尽自己全力去挣点钱，让自己有成就感。我坚信当人们付出时，会感觉好一些。她说她以前一直做着不喜欢的工作，现在决定找一个自己喜欢的事业，享受每天的工作，所以坚决不为了挣钱而工作。她的情况是，自己没有钱，靠别人生活，就因为自己不喜欢而不去工作。她称自己是怀才不遇，这让我不禁大跌眼镜。因为我们不可能每时每刻都热爱自己的工作。如果有人能付给我钱，让我坐在钢琴前，一边喝着苏格兰威士忌，抽着雪茄，抚摸着我的斗牛犬，一边看着窗外的日落，那该多好呀！可是很早以前我就清楚地知道这是不可能的！所以我不停地收拾行李、赶飞机、搭出租车、住酒店、对着一群人喊上一个多小时，然后再重复这样的过程。因为我这样做，就会有人付钱给我。我并不是每一分钟都喜欢这样的生活，我只是让自己不要抱怨太多。

最近，我坐出租车去华盛顿机场。一上车，就遇到了堵车。堵车让司机的心情很糟糕，他开始大喊大叫，说自己如何怀才不遇。我一直没理他。他继续说自己以前不是开出租车的，实际上他是个经验丰富的机械工程师。看我没有任何反应，他仍然继续说在以前的公司他工作了15年，因为公司遇到经济困难不得不被裁掉。他不停地说，说上帝对他很不公平，他以前的老板们都是傻瓜，他怀才不遇，本应有更好的工作等等。我终于忍不住了，告诉他，他的故事很不幸，但是今天，至少在30分钟之内，他是个出租车司机，只要他把车开好，我就会非常感谢他。我说,倒霉的事情每个人都会遇到,但是抱怨是没有用的,我已经听烦了他的牢骚,我不想对他抱怨,也不想听他抱怨。这些话果然有效,在接下来的行程里,他没再开口。我猜想,下一位乘客一定从这位司机口中得知我是个神经病,但至少我不用再听他唠叨了。

从一个方面来说,这位司机犯了致命错误;另一方面,他却做得很正确。他做对了,因为他在工作挣钱养家,尽管他不喜欢这份工作;同时,他又做错了,因为他自负的自我意识掩盖了工作带给他的快乐。

人不可能总能找到自己喜欢的工作。你的工作可能不能让你充分发挥才能。但只要你在工作,就很棒。学会感恩,努力工作,对得起自己的工资。工作的同时,可以寻找更适合你的下一份工作!

拉里对提升自我、让自己变得无比珍贵的几点建议:

- 尽你所能了解公司的生产流程,以及公司业务。
- 避免与同事和客户的冲突,对琐事不要计较。
- 在作决定时,以客户为本。
- 对竞争对手,做到知己知彼。
- 在任何工作领域,都要追求卓越。
- 加快工作节奏。

第 7 章

工作场所是神圣的地方

你会不会在走进一所教堂后,大声咒骂、随地吐痰、表现粗俗,甚至当众讲下流的笑话?我想你不会。即使你是位无神论者,你也不会那样做的。你会非常尊重那里的气氛以及前往教堂的人们,你的行为举止也会表现出敬意。仔细想一想,我们工作的地方不也一样吗?这里也是个值得尊重的神圣的地方。在这里,我们应该珍惜工作机会,清楚公司的目标,敬佩那些为了能养活家人而辛勤工作的人们,尊重向我们购买商品和服务的顾客们,没有他们,也就没有我们的持续经营,也就没有我们每月领到的薪水。但是,现在在大多数的工作场合,这种尊重都被遗忘了。顾客成了愚弄和欺骗的对象,同事成了嘲讽和谴责的对象,竞争已经被扔进了垃圾堆。这种做法一定要终止了!一个成功企业建立的基石是相互尊重。

下面是任何行业和领域都必须坚守的信条:

工作场所是个神圣的地方，
在这里我们尊重和我们一起工作的同事，
在这里我们尊重我们的竞争对手，
在这里我们尊重我们的客户，
在这里我们以公司为荣。

尊重你的同事

最近，我和儿子一起去购买等离子电视。我们到处转了转，终于在美国最大的家电连锁企业百思买看到一款非常好的机型，而且价格也不错。我们向卖场的销售员提出希望购买，他说要先查一下库房是否有货。很可惜，当时库房没有现货。我问他，这附近其他的百思买连锁店里有没有库存？他说可以在电脑上查查。当他回来时告诉我，电脑里显示 15 英里以外的一家店还有一台现货，但电脑系统也常常出错。我问他，能否打电话确定一下。他抬了抬眼皮，没说话转身走了。几分钟后，他回来时手里拿了一张纸条，上面写了一个电话号码。他说如果我们愿意可以自己打电话确认。我问他为什么他不打，因为这更像是他应该做的工作，而不是我。他说他没时间。我环顾了一下卖场，那天是星期二下午，整个卖场只有 9 个销售员在站着聊天，我看不出有什么比帮助一个想要购买价值4000美元商品的顾客更重要的事情！他回答说，他之所以不帮忙的原因是，询问此类事情需要很长时间，因为对方卖场的销售员动作非常慢，等他们接到电话，再等他们把信息反馈回来，估计要花好大工夫！我说："那就是说，那家卖场也不想帮助我们了？"他又抬了抬眼皮(我估计抬眼皮是他唯一擅长做的事情了)，没说话转身走了。这一次他带来了一个愿意帮助我们的销售员。他说这个人可以帮助我给另外一家卖场打电话。结果怎么样？电脑系统果然有错，另一家卖场也没有现货。这款电视必须提前预订，三天后到货。

我把这段亲身经历总结了一下：这是一位对工作漠不关心的销售员。他不关心他的顾客、卖场、公司、自己创造的利润，甚至还给其他卖场做了负面宣传。

你的同事可能会把事情弄得一团糟，而对此你也非常清楚。但是你没有权利把这些讲给顾客听。你和你的同事在顾客面前都代表着公司的形象，因此在顾客面前，你必须赞扬你的同事，即使他们总是把事情弄糟。

你对同事的看法，只是你的个人看法，不应该强加给顾客。顾客也不必参考你对同事的想法。顾客需要知道的只是你付出了多大的努力来关心他，认真地为他服务，其他的都无关紧要。

最终，我们亲自给几家百思买连锁店打电话，终于买到了那款电视,享受了优惠的价格和优质的服务。

尊重你的客户

有一次,我在奥兰多的一家酒店大堂办理入住手续,听到一位前台服务员正在和一位先生通电话，从服务员的应答中能判断出,这位先生找不到酒店的位置,所以打来电话询问。从他们的通话中可以听出来,那位先生已经离酒店很近了,可就是找不到具体位置。这位服务员的语气越来越不耐烦了,她不停地说:“你周围有什么？不知道……你周围还有什么？”最终,这位服务员对着电话大喊:“我只知道左右,从来不分东南西北——你等会儿。”然后,她把听筒搁在一边,对正在为我办理入住手续的同事说,这个家伙简直是个傻瓜,活该让他多等会儿！说完,她开始哼起了小曲,让电话那端的人等着。于是,我上前问她,为什么会认为对方是个傻瓜,至少他能分清东西南北,总比只知道左右的人强些吧！我还问她,是否知道只有这位顾客住宿支付房费,最终她才能挣到工资。她看了看我,说:“老兄,你太多管闲事了吧！”说完就走了。我向为我办理入住手续的服务员询问她的姓名,准备向经理投诉。这个服务员却说:“我就是经理,有什么事情跟我说吧！”于是,我建议那位前台服务员因为刚才粗鲁的表现,她应该立即被解雇。这位经理给我的回答是："嗨！你要知道，合适的人选很难找到！"我说："你的老板一定跟你说过同样的话吧！"她不置可否，却明显很不高兴！

为什么我会听到前台服务员与顾客这样的粗鲁对话？为什么前台服务员会如此地对待一位顾客？而她的经理却不闻不问？这是为什么？因为她们知道这种不礼貌的行为不会有什么后果。她们看不到这种行为与自身收入有什么关系。

这种情况会经常发生吗？非常不幸，答案是肯定的。记得我之前说过，人们对工作缺乏热情已经成为很严重的问题。

尊重竞争对手

是的，甚至连竞争对手你都要尊重。贬低别人并不能提升你自己。不要认为在顾客面前诋毁你的对手，他们就会在你这儿花更多的钱。所以不要让你公司里的任何人说竞争对手的坏话——尤其是在顾客面前。

实际上，如果一家公司能慷慨地赞扬自己的竞争对手，我会非常欣赏这家公司。我不会因此就转向他的竞争对手，而是两家同时考虑。如果一家公司对我说："我们并不擅长这些，虽然我们也能做，但建议你问问 XYZ 公司，它们在这方面很出众。"没有什么比这能更加提升它的竞争力和在客户心中的地位了。如果真有这种事情发生,我一定会将两家公司的商品都试一试。我敢打赌你也会这样做的。

保持工作场所的整洁卫生

环顾一下你的工作场所。是不是杂草已经从办公楼门前的马路缝隙里长出来了?是不是车库里已经变得乱七八糟?无论你是否承认,当客户在考虑产品和服务质量时,办公环境是否整洁对于他们的选择是有影响的。你觉得不公平?我没有必要讲究公平——因为我是顾客!

如果地毯上留有污渍,我会认为你的手下干将不够得力。这样想对你来说可能不够公平,可我也没办法:我确实就是这么想的。

如果烟头被丢在了大门口,我会认为你并不在意我的到来,不会为我特意打扫一下门口,那我不如再另找一家。你觉得不公平吗?我没有必要公平。再者,你根本就不会知道我来过。我们还没见面,我就已经离开,把钱花在其他公司身上,而我选择的公司一定会把门口扫得干干净净。

如果饭店服务生身上穿着脏兮兮的工作服,我会怎么想?——你提供的食物也一定不卫生,我不知道要吃多少细菌到肚子里。你觉得不公平?那对不起了,我认为是,就是!

我们常常犯这样的愚蠢错误,我们非常关心客户,只是常常忘记把公司的厕所打扫干净!

以小见大,细节决定顾客对你的看法。你是否也有过类似的经历?走进一家饭店,从一进门到吃完饭的整个过程,都能闻到消毒水的味道?我非常感谢服务生在上一位顾客离开后,立即进行消毒处理,可是我不喜欢闻消毒水的味道。你可能会说我应该去更高级的饭店。实际上,我在高级的饭店吃过,但即使在那里,你也能在桌布上或者地毯上看到炸鸡排和烧烤留下的渣子,其实他们完全可以用丽光板(合成树脂之一种)或者油毯。

下面是一些常常被忽略的小事:

卫生纸放在卫生间的地板上,
或者更糟糕,根本就找不到卫生纸;
地板上隐约可见食物残渣;
门框上的漆已经有了裂缝;
员工的裙子皱皱巴巴;
员工身上带着一股难闻的味道,头发出油,鞋子脏兮兮的。

下面这段曾经令我不快的经历非常能说明问题。我特别喜欢吃生蚝,或者说我过去特别喜欢吃生蚝。有一次,我和家人一起去一家高档的海鲜餐馆吃饭,我点了一盘生蚝。服务生非常热情地为我们服务,可是他身上有一股难闻的味道。在他靠近我时，难闻的味道使我不得不拿起一块柠檬放到鼻子底下。我打算美餐一顿的兴致全无！从那之后,我再也没有去过那家餐厅。那件事对我更深远的影响是,从那天起,我就再也没有吃过生蚝，因为一提到生蚝我就会不由自主地联想到那个服务生身上的味道。那次糟糕的经历对我的影响太大了,以至于让我对一度最喜爱的美食没了食欲。

所谓的小事恰恰能表现你对公司、对客户、对彼此的尊重。正如我刚刚提到的那段亲身经历,这些所谓的小事可能在你没有意识到的情况下起到了关键作用。

“拉里,你说的我都明白,可是你不知道我们公司的具体情况。我们生产……我们销售……我们的工作环境不是那种……我们……”

你也许能找出许多类似的借口。可是,我想声明一下:我不会听这些杂七杂八的借口！以小见大,细节决定成败！说其他的都没用。我对你的看法就决定了我对你的信任度,决定了我是否会选择你的产品或服务。

简单易行的做法:

1. 不要让员工在办公室门口吸烟。办公室的大门就像是教堂的大门,是通往神圣殿堂的通道,这里不是吸烟区。

2. 坚持每天打扫办公桌。不要给懒惰找任何借口。如果有人说脏乱的办公桌也体现了一种风格，那么他一定是在撒谎。杂乱无章的办公环境就意味着混乱的工作状态，意味着工作结果也充满变数。

3. 上班着装就要正式，展现出你最精神的一面。一星期里偷一次懒的想法不可取，牛仔裤最好在办公室里消失。如果员工的着装不能展现最佳的精神面貌，整体士气就会受到影响。

4. 如果有员工公开对同事、顾客不敬，或者不注重办公室整洁，别犹豫，马上考虑开除他！

拉里对尊重他人的几点建议：

■ 建立对他人的尊重，要从基层员工抓起。

■ 尊重同事，尤其是在顾客面前。

■ 尊重顾客，尤其是在其他顾客面前。

■ 尊重竞争对手，尤其是在顾客面前。

■ 保持办公环境的整洁卫生，这表现出对他人最起码的尊重。

■ 以小见大，细节决定顾客对你的看法。

第 8 章

公司≠欢乐的大家庭

一个欢乐的大家庭？

每当经理们对我说，他们的企业就像一个快乐的大家庭，我总是持怀疑态度。——到公司里去看看吧，只需要5分钟的时间，你就会发现员工们并不快乐。同样，再花上5分钟的时间你就可以发现，这里的人们不爱他们的“兄弟姐妹”，甚至憎恶他们的“父母”。

你的家庭快乐吗？别向我撒谎。你的家庭总是幸福的吗？事实上，每个家庭都会遇到磕磕碰碰的事情，没错，所有的家庭都会遇到各种障碍和问题。从这方面讲，公司和家庭非常相似。

你必须承认，你的公司并不是一个欢乐的大家庭。你和同事只是在一起工作罢了，仅此而已，你们之间的关系不近也不远。在家庭里，每个人休戚相关，家庭成员之间互相包容。工作则完全是另外一回事。在家里，尽管你不喜欢你的姐夫，妈妈仍然要求你去参加他的生日宴会。在工作中，老板却不能这样做。让我们聊聊这些聚会吧，单身派对、结婚典礼、庆祝新生儿诞生的聚会，甚至某人除掉了一颗痣都要搞聚会，我真的非常厌倦这些聚会。你难道不这么想吗？为什么要为同事庆祝生日呢？我们明明心里想着如果没有他的存在，我们会过得更好。可是，许多人却偏偏利用上班的时间在休息室搞派对。为什么要这样呢？如果你乐意，你完全可以另找下班时间。不要勉强那些不想参与的人，他们其实不想陪着你玩！

你是不是觉得我是在反对工作环境里建立的友谊？绝对不是。回想起来，我人生中大多数朋友都是在工作中结交的。但是那并不意味着我会和每一个同事做朋友。千万别期望我会那样做。

我们不是一家人，我们并非休戚相关。我并不是非得喜欢你不可，我只需要和你一起工作。这就是我必须做的了，其他的事情随我愿意。

你必须要容忍有些人，以使工作（你能得到报酬的事）顺利完成。除此之外，只有给我奖金，我才愿意去做。

我们没办法好好相处吗？

对这个问题的答案是：当然，我们可以！在完美的世界里，我们可以相处得很好。但是，你活在一个完美的世界里面吗？

我不是。无论我多么想，我的世界从未完美过。我的世界里充满了让我觉得很难相处的人。事实上，大多时候我都不愿和他们相处。

但你却不得不和他们共事。可悲的是，你别无选择。这本身就是工作的一部分。有时候，你刚刚摆脱了一个难相处的人，马上会有另一个出现，就像是一个魔咒。你唯一需要做的就是认出他们，知道如何和他们相处。我并不是说你要学着喜欢他们，对我来说，这是不可能的。我只是说和他们相安无事。

和他人相处有诸多法则，在这里，我只是给出一些我的建议。但是在我给出如何和难相处的人打交道的建议之前，你必须能辨认出他们才行。

下面就让我给你提供一份清单，我相信这份清单是不全的，原因是，我刚刚列举出我知道的所有类型，就会有人来扮演新的类型。

1. 谎话连篇的人

我的父亲曾经对我说，宁可雇个小偷给你干活，也不要雇一个骗子，因为我们至少可以防备小偷。这句话令我永生难忘，它导致的结果是，我不能容忍别人向我撒谎。事实上，如果我是经理，我发现有人向我撒谎，我就会立刻炒他鱿鱼，就是这样，没有任何回旋的余地。我建议你也这样做。太苛刻了吗？

根本不是那么回事。撒谎是一种毁灭信任的性格缺陷，当你不能信任和你共事的人了，你们之间的合作注定是要失败的。无论撒多小的谎，谎言就是谎言。一个人若能在小事上撒谎，必然也会在大事上撒谎。

2. 哭天抹泪的人

没错，向你哭天喊地的人。抱歉地说，这么做的女人尤其多，这可不是性别歧视，这是事实。在我的职业生涯中，我接触过数千员工，还从未见过一个男人为工作哭天抹泪的。工作的时候最好记住汤姆·汉克斯在电影《女子棒球队》里的经典台词："在棒球运动中，没有人相信眼泪！"没错，在工作中也没有人相信眼泪！哭泣只是释放情绪的一种形式。是的，我知道有时那是在问题严重令人忐忑的情况下，人们真实的情感反应。其实你大可不必因为同事伤害了你而哭泣，那算不上什么大事，工作表现得到差评也不算什么了不得的事。如果你接到电话说房子被烧毁了，爱犬走失了或者身边的人过世了，你可以哭。我也会陪你一起痛哭流涕。若不是这么严重的事，就让它过去吧，挺过来，继续你的工作。

作为经理，若是有人坐到你面前痛哭流涕，那就递给他一张纸巾，耐心地等他哭完。但不要被他的感情发泄所影响，即使你真的同情他的困境，也请你保持客观。记住，你经营的是一个公司，不是幼儿园！

3. 欢乐先生，微笑先生，积极先生，天无绝人之路先生，曙光就在转角处先生，老生常谈先生……

知道这样的人是什么样子吗？我给这类家伙又起了一个名字，叫做"令人恶心先生"。有些时候你需要收起愚蠢的微笑，皱起眉头埋头苦干。要知道转角处的曙光很可能是即将开来的一列火车，并不是所有黑暗之后总有光明，有时等在云彩后面的不是灿烂阳光而是暴风骤雨。"嗨！积极向上先生，请积极地坚持愚蠢，积极地坚持懒惰，积极地坚持犯错。"尽管励志演讲家这么告诉过你，但是态度并不决定一切。态度只是一部分，你早晚需要去行动。

你认为我不赞成积极的态度吗？绝对不是！然而太多人花费了太多时间摆出积极的姿态，却不去做好手头的工作。有时，我们并不需要"积极态度先生"，而是需要"恶劣态度先生"，他们厌恶无能、工作懈怠的人，只想把实际工作做好。他态度恶劣只是想把工作按规矩做好。在这种情况下，我更青睐"恶劣态度先生"。

4. 瑞士甜心型的人

她很甜，甜到让你想吐。见过这种人吗？你肯定见过。要注意，我被这种人从背后恶意中伤的几率比被其他类型的人中伤多得多。他愚弄你，瑞士甜心型的人有男有女，在你面前，他们对你态度亲热、体贴，想成为你的密友——千万别当真。

5. 横行霸道的人

横行霸道的人什么模样的都有，在职场上，他们并不像中学时代球场上那些身强力壮的大家伙，有时，她可能是为公司工作了四十多年、头发已经花白的接待员。有时，他是管库房的家伙，让你连订书钉都没的使。有时，你的顶头上司也会扮演这样的角色。

这些横行霸道的人有着脆弱的自尊心，他们往往自认为怀才不遇，所以利用自己手中的一切权力发号施令。当你遇到强权的老板，他总是这样强调“我是老板，所以我说什么你就该做什么”，毫不关心他的决策是否明智，只是要求你言听计从。你该怎么办呢？和对付球场上的大块头一样的道理，勇敢面对！当遇到反抗的时候，这些强权霸道的人就会有所收敛。最关键的是，不要害怕这些霸道的人。他们往往欺软怕硬，你越是害怕，他们就越嚣张，你越自信，他们反而会有所收敛。要坚定、理智，别乱发脾气，还有别忘了存些钱在银行里备着，因为你有可能被解雇。

6. 乐于传播流言蜚语的人

他们知道每个人的私事,他们没工夫把工作做好,因为他们忙着到处打听别人的私事。他们把大量时间浪费在打电话、发海量的电子邮件上,他们四处游荡,不务正业。你要做的是,提醒这些说长道短的好事者,给他们发薪水依据的是工作业绩,可不是乱七八糟的小道消息。不要听他们的八卦,听了就是对他们这种行为无言的鼓舞。这就是他们为什么喜欢胡乱打听、传播流言蜚语的原因所在,别落入他们的圈套。

7. 愚蠢的人

这类人可以再细分成若干种:

(1)自以为是的家伙

这类人都自以为是。如果这类人的自以为是表现得十分滑稽可笑,倒还可以缓解一下工作压力。但如果一个人对别人尖酸刻薄,还自作聪明,不能更好地推动工作进程,还使别人没法着手做自己的事情,这种人只能令人生厌。

(2)工作狂

我的妻子罗斯·玛丽的上司就是一位公认的工作狂。她知道别人对她的看法,并引以为傲。她的确是个工作狂,她为工作而活,“吃”工作,“呼吸”工作。她其实是个好人,但和她相处会让你痛苦不堪。她乐于如此并且引以为荣。一次,在一个晚宴上，她为此洋洋得意地侃侃而谈。当时，我已经退休了，我问她为什么要这样疯狂地工作呢？她严肃认真地给我讲了一套大道理——这是生意场，我们应该尽全力让更多的人买我们的寻呼机(还记得寻呼机吗？)，她希望每个人都能关注她所做的，等等诸如此类的话。我对她说，不过是寻呼机而已，医生、药商、书呆子都有寻呼机。我能从街角的小摊上买一台，和从你的公司买一台没什么不同。不过是寻呼机嘛，管它呢。

我想她不能理解我说的话，同样，我也理解不了她。你可以在乎你的公司，对公司有深厚的眷恋，爱你的公司，爱你所从事的工作，但是放轻松点，不要做工作狂。

(3)马屁精

这种人很好认，马屁精是圈子里待人最"好"的人，是每个人的好哥们儿。他想跟所有的人和睦相处，成为朋友。他觉得每个观点都很好。他们希望自己讨人喜欢。他们想让每个人都快乐。他们不停地夸奖你：你的工作做得有多出色，你是多么的聪明，别人多么倾慕你，大家多么愿意和你一起工作——小心这种人，他们很可能是在违心地奉承你，在背后可能会恶语中伤你。

(4)愚钝的人

我还没找到一个更合适的称谓来称呼这类人，总之就是工作中的一些平庸之材。这些人做事总是不合时宜。他们说的都是些蠢话，做的都是些蠢事，你还不能对他们怎么样。你只能忍受他们，别过多指望他们。

(5)可爱型绣花枕头

你肯定见过这种人，觉得自己很可爱，可爱到没办法做点实际的工作。这类人对他们的可爱放任自流。并不是只有女性会这样，很多帅小伙也因自己的如玉皓齿、时髦发型、六块胸肌而洋洋得意呢。我嫉妒吗？当然嫉妒！不过就那么一点点。我从没想过靠一副好长相填饱肚子，我明白这个道理，每个人都应该明白！

你说我反对雇用俊男靓女?完全不是的。并不是所有的俊男靓女都是绣花枕头。我想表达的是，在工作中，应该以才论人，不应以貌取人。

(6)狂妄自大的家伙

这种人从来不尊重他人的观点、建议、言语、行动、工作、性格甚至职位，并且把不尊重的态度表露无遗。如果这种人在为你工作，请你解雇他。人生短暂，何必找这样的人一起工作呢！如果你为这样的人工作，请你辞职，换份工作。人生短暂，何必被一个狂妄的人鄙视呢！如果你的同事是这样的人，那么尽最大的努力调换岗位，如果这样做不现实的话，用任何方式尽可能地离他远点，你要明白你不能容忍这样一个狂妄自大的家伙在你身边。还是那句话，人生苦短啊！

接下来该怎么做?

上面提到的这些人都是自私的。他们不关心你，不关心公司,他们只关注自己。他们脆弱的自尊心需要他人来满足，他们需要别人像家人、或者像他为数不多的朋友那样与他相处。我的建议是,不要给他们太多关注,无论他们有多渴望被人关注。

这些人经常选择性失忆，所以最好把你们在工作上的谈话记下来,好记性不如烂笔头。如果你和这样的人为敌,那么一定好好保护你的文档。

别情绪化,别惹恼这样的人。说起来比做起来容易得多。你若是让这些人掌控了局面而变得局促不安,他们就赢了。给他们关注,你将失去宁静的思绪。

别逃避这些人,直面他们,这对我来说并不难,我喜欢直面问题。我可以毫不困难地看着对方说:“我不能容忍你了。”但是大多数人并不喜欢直面问题。事实上,人们宁可做其他任何事情就是不愿意积极去面对问题。然而问题必须要解决。以一种冷静的、客观的态度面对工作中的这些人。换句话说,就是让他们干好自己的事,这和我之前说的保持冷静并不冲突，这么做是为了确保那些人不因你无视他们愚蠢的行为而爬到你的头上欺负你。我认为人们不应该忽视愚蠢的行为,你必须要着手去处理与他们的关系,认清他们,这样事情才能顺利地进展下去。

这些人都是操纵者。他们企图摆布人们的观点、事实和人际关系。如果操纵者是你的老板,我建议你找个合适的时机和他聊聊,通过畅所欲言来解决问题。这么做不是很容易,而且可能会将你置于不利的处境,但是你必须这样做,才能使自己保持理智和诚信。另一方面,如果操纵者是你的员工,告诉他,他的伎俩对你不起作用,让他知道你比他道行深,你会不留情面地处理他。

有一个对付难相处的人的通用法则:**不要自降身价与他们为伍——这正是他们想要的结果**。要站得比他们高。当他们发疯的时候,对他们视而不见,或是面带笑容,别和他们正面冲突。切记,千万不要与他们为伍,他们发明这种游戏就是想让你变得和他们一样,这样他们就赢了。

约翰·派瑞克·多兰是一位律师、演说家、谈判专家,他总是说:"不要和猪打架,你会弄得一身脏兮兮,而猪恰恰喜欢这样!"

还有一个令人难堪的现实:有时你也是一个难相处的人。

是的,确实如此。别急着为自己辩护。也许你身上就有我之前说的这些人的某些特征,这些特征并不经常表现出来,但是也会时不时地露一下头。你乐于操纵，有时强势霸道，有时抱怨连天，或是唯唯诺诺没有主见，等等。但可喜的是，如果你了解了这些人的类型、能察觉到自己身上有这些人的特征，可以更迅速地行动起来，纠正它们。

记住，把事情搞糟了也没什么。

你犯过让你付出惨重代价的错误吗？你有没有把事情弄得一团糟过？我有这样的经历，我身边也有这样的员工，他们把事情弄得一团糟。有一个绰号叫“牛仔”的员工就是这样。每次我出差之前会给他留下完整的命令，给他一个清单，告诉他我不在的这段时间里他必须完成什么。这个清单对牛仔来说简直是圣谕。你很难相信，他非常努力地去做，每次都能完成任务。尽管有时他的方法并不完美，却能把任务完成。尽管他也经常犯一些错误，但是值得赞扬的是，每次我回来后，他都会来我的办公室，关上门，告诉我工作完成了，期间犯了什么样的错误，他会承认错误，并承担责任。他会告诉我他是如何发脾气的，告诉我他怎样让别人很抓狂，事后他意识到了，并保证下回一定不这么做了。他总是为他所做的一切承担责任。这就是最有意义的，当你做了蠢事，需要做的就是为你的行为承担责任。

作为经理，当员工走来对你说，“我把事情搞糟了，我很抱歉”，你应该赞赏他的诚实，这是一个好人，因为并不是每个人都肯这么做。

倒霉的事情总会发生，做事情不会总是一帆风顺。你常常听到有人说，倒霉的事情总会发生。

当事情失败了，你该怎么做呢？

1. 为事情的结果道歉。真诚的道歉能够避免矛盾的激化。

2. 分析没有按预定方案进行下去的所有原因。

3. 承担你应该承担的责任。为你做的那部分工作负责，而不是为整个错误买单，除非整个失误都是因你而起。你应该指出在这一结果中你所起到的作用，还有导致这一结果的其他原因。这时不应该指指点点或是责备他人。这是对失败以及你在其中所起作用的诚实评估。

4. 制定补救方案。不要走进老板的办公室，抱着“已经这样了，现在麻烦归你处理了”的态度，把难题扔给他。也不要抱着请他拯救你的态度。你应该制定补救方案，积极去想怎样才能摆脱困境，挽回局面。这是积极讨论、提出解决方案、摆脱困境的时刻。优秀的领导人关注事情的解决方法远远超过关注事情本身。这样做才能弥补你的失误，使你幸免于难。

以前是某个类型的人，以后也会是这样吗？

一般如此。我的经验证明江山易改，本性难移。这是件好事，也是件坏事。不好的一面是，你没办法改造他人。如果你能早早意识到这一点，将大大节省你的时间、精力，少动怒。好的一面是，你可以预计到这些人的做法。你能预知在大多数情况下他们遇事后的反应。你能体谅他们，即使他们做的蠢事偶尔难以料到，但还是能猜出个八九不离十。

在与人相处的经历中，我深刻地感受到这一点：人是可以改变的，但不是经常改变。人们只有在自己想改变的时候改变，而不是你想让他们改变的时候。很多难相处的人不知道他们在别人眼里是这样的人，因此也不知道需要改变自己。即使你给他们指出来，他们也不明白——这些人通常不了解自己。

拉里对待难相处的人的法则：

■ 我们总要面对难相处的人，尽管和这样的人相处很不舒服，但至少我们是一条船上的人。

■ 别自降身价，这正是他们想要的，要比他们站得高。

■ 管好自己的事，尽最大可能把手中的工作做好，尽量别理这些人。

■ 积极面对，加强沟通。有的时候把事情说开了，一切都好解决。

■ 公平待人。每个人都有心情糟糕的一天，需要判断的是，他是偶尔一次还是总是这样做不合时宜的事。

■ 要给别人机会。机会不滥给，但至少给别人一些从头再来的机会。

第 9 章

职场道德：非黑即白

没有灰色的职场道德

我们生活在一个充满了灰色的世界。

我本人不相信有灰色。我认为人生除了黑色就是白色。不是对，就是错，不是好，就是坏；你不是在路上，就是挡在路中间；不是见面说你好，就是分别说再见。但是，我们似乎已经学会了在灰色的小办公室里走一条灰色路线，事情做得不是完全错误，也不是很正确。

职场道德不是有时候这样，有时候那样，而是始终如一，是在一天的任何时候、在生活和工作上都不言自明的事情，小到 15 分钟茶歇时你会多休息一会儿，大到安然公司因为财务造假而破产。职场道德不仅仅是上班的时候该做什么、不该做什么的事情。我们对职场道德是否坚守，可以反映出我们是哪种人，我们雇用的和解雇的人是什么样的人，还有我们的思维方式。

什么是不道德的事情?

打电话谎称自己生病了。

把公司的办公用品带回家。

在简历上造假。

在打销售电话的间隙出去理发。

伪造支出报表。

欺骗客户产品有某种功能,实际上该产品没有这项功能。

赴约迟到。

工作时间打私人电话。

用公司的复印机复印个人材料。

承诺太多,却无法兑现。

用公司的快递系统寄个人信件。

贬低竞争对手。

吃午饭时间很长。

不回公司电话。

不经常检查公司电话的语音信箱。

凯利服务人力资源咨询公司最近的一项调查表明,31%的雇员认为在工作时间用公司的网络发个人信件没什么不对。对不起，我告诉你，这样做是不对的。

这份调查还表明，14%的雇员认为把办公用品拿回家用没什么大不了。不，这叫做偷窃，是不对的。这14%的人都应该被炒掉。

令我感到有趣的是，这份问卷调查同样表明，53%的雇主对于员工的道德水平是满意的。

如果雇主知道员工偷拿办公室用品，用公司的网络在e-Bay网冲浪，写私人电子邮件，却不去追究，那这个雇主恐怕也没有多高的道德水准。很显然，大多数雇主认同这些做法。我知道我的想法可能有些激进，但是这是我的书，我有权利这么做。从中你可以知道我的观点：人们偷拿曲别针、光盘、铅笔以及其他东西，实际上是在偷老板的东西。他们在上班时间，拿工资的时间，却干自己的事情，就是在窃取时间。不管你认为这些行为是什么，我认为这些行为是不道德的，我把这些做法叫做偷窃。

我说的这些话听上去像个"公司老板"说的话？是的，我的确拥有几个公司，也曾经破产过，因为我犯了愚蠢的错误，在不应该放任的时候，放任了一些错误。我再也不相信对错误要放任自流的说法了。这是要付出代价的。

"可是大家都这么做啊，拉里！"

我还是个小孩子的时候，我想做什么事，妈妈不让我做的时候,我经常对妈妈说这句话。她总是回答:“如果有人从楼上往下跳,你也跳吗?”这个回答令我很吃惊,但是妈妈是对的。一种行为是错的,我明明知道是错的,但是我还是想做。也不是所有人都这么做,只是有几个人那么做。有人做了,却没有什么严重的后果,不能说明这件事就是正确的或者是明智的。比如,你也可以用脚开车,但这并不是个好主意!

职场道德也是个人道德

你内心清楚什么是对的,什么是错的,你做正确的事情,就是因为它正确。这就是诚实。不要为了妥协,丢掉了诚实的本质。即使老板让你做一件你认为不正确的事情,也要坚持住自己的立场。你可以重新找一份工作,却不能重获正直的品质。

在我的演讲里,经常讲关于索尼克汽车餐厅的故事。在本书后面的关于客户服务的章节里,我会向你详细讲述整个故事。我喜欢索尼克汽车餐厅,在那儿吃过大约一百万个乳酪汉堡(顺便说一句,其实没有那么多)。索尼克汽车餐厅有一次举办优惠活动,我也想占个便宜,但是优惠商品是百事可乐。我在演讲时总会插一句,“我讨厌百事可乐!”这句话一出口,大约一半的观众会鼓掌,因为跟我一样,他们喜欢喝可口可乐。

而另外一半人会发出嘘声，因为他们喜欢喝百事可乐。这句话对某些人来说是非常敏感的。我曾被一些食品集团、快餐连锁店和酒店联合会邀请过，百事公司经常会出席它们举办的活动，甚至是活动的赞助商。有些人很担心我的这句话会冒犯百事可乐公司的人。他们很可能是对的。但我并没打算成为百事可乐的产品代言人，就像我不选择百事可乐作为我的饮品一样。

一次演讲时，在上台前几分钟，有人告诉我百事可乐公司是这次活动的赞助商之一，可口可乐公司没参加。主办方建议我把那句“我讨厌百事可乐”换成“我讨厌可口可乐”我对他们说：“你们不会是想让我撒谎吧？”他们无法相信我会是这种反应。他们说只是不想冒犯赞助商，这跟撒谎有什么关系呢？我告诉他们我不讨厌可口可乐，我很爱喝可口可乐。把那句话换成“我讨厌可口可乐”是在撒谎，因为事实不是这样的。我告诉他们我会按照事实的真相说，否则就不讲了。他们说，只是想让我换一种讲法来讲这个故事。我告诉他们我不会那么做，我不讲这个故事就是了。直到现在，还有人会说，他们是客户，我应该灵活一下，换一个词而已，然后继续讲下去。我不同意。我相信只要向客户讲清楚就可以，但是我不能为此妥协，丢掉诚实。这么做之后我感觉更好了，因为他们知道我是诚实的人，我也提醒自己我不是轻易违背原则的人。

怎样才能知道什么是对的,什么是错的

为了检验什么是对的,什么是错的,我要做好几件事情。第一件事就是问问自己:“希望妈妈知道这件事吗?”很傻,不是吗?我不这么认为。因为我可能管不好自己,但我决不想给妈妈添麻烦。**如果我不想让妈妈看到我做这件事,或者知道这件事,那我就坚决不做。**

还有一种方法,我发现它非常好用:**如果你要坚持问自己一件事是对还是错,那十有八九它是错的。**不断地问自己,这一点本身就已经是答案了。如果这是件正确的事,根本不用问就知道。请相信自己的感觉。

拉里对于职场道德的简短总结:

■ 职场道德不是有时候这样,有时候那样,而是始终坚持如一。

■ 在小事上撒谎的人,在大事上也会撒谎。

■ 只要你没有付出最大的努力,就等于偷窃。

■ 跟着感觉走,即使当你感到万分困惑时,你的感觉已经帮你分辨出对与错了。

■ 如果你一再问自己是不是错了,那就是错了。

第 10 章

如何击败竞争对手

击败对手的秘密

这个题目非常吸引你,不是吗?很可能你刚刚看完目录,就会直接翻到这一章,因为你想在竞争中取胜。这么想没有什么不好,所有工作的人、经商的人都想知道怎样才能完全彻底地战胜竞争对手。每个人都在寻找在竞争中取胜的秘籍。好了,我现在就告诉你这个秘籍:

当你不再认为这是一场竞争,你自然就赢得了这场竞争。

不爱听,很失望,不是吗?想想这本书到此为止我提供的所有实用建议,你认为我已经江郎才尽,开始瞎忽悠了吧?

不对!我向你展示的,是你从来没有听说过的最有效的建议。请不要再把竞争当做竞争了!

你越是关注竞争,它就越会带给你压力,摧毁你。忘掉竞争,关注自己。不要再让自己对这件事忧心忡忡,开始关心你自己吧。

发现自己的独特之处

我说过的最明智的话：

“发现自己的独特之处，并把它用来为别人服务，你保证会得到成功、幸福和美好的未来。”

是的，这就是我说过的最明智的话。这句话是实现商业成功的所有方法的最简单的概括。为什么？因为没有人能和你的独特之处抗衡。

一旦个人或者公司发现了自己的独特之处，并且学会发挥它，他们就能成功。没有谁能和真正有特点的个人或者公司抗衡。我不太在意竞争本身，但是我打赌有特点就容易成功。

怎样才能发现自己的独特之处呢？**需要提醒你一下，你的独特之处很可能不是你正在做的事情。**很少有人或者公司是在沿着自己的道路行走，而是尽力想跟别人一样，去适应潮流，看上去跟别人一样，做和别人一样的事，就像其他所有人那样。他们总是玩“我也是”这一套把戏，因此几乎分辨不出人与人、公司与公司之间的差别。直到人们都认识到这一点时，个人或者公司又开始重新定位目标，定位为与众不同的目标——这个主意也很糟糕！

不要过于与众不同，另类会吓到别人。人们不会花钱买另类的东西，但是他们会花钱买独特的东西。

想想苹果电脑公司。他们的产品与众不同吗？我认为不是。他们卖的电脑和其他牌子的电脑功能一样，都能干同样的事。但是苹果公司做事的方式与众不同。他们的电脑看起来和其他的电脑不一样——颜色不同，形状也千变万化。这种独到之处使他们在很长一段时间里独领风骚，而且每一代电脑都比上一代提供更好的功能。

好几年前，我在一家电脑打印机公司的年会上演讲。在我上台演讲前的将近两个小时，我听了生产部主任、销售和市场部副主管和公司总经理的发言，他们几乎都在诋毁、贬低竞争对手。他们嘲笑竞争对手的产品，取笑他们的领导，而且他们也确实以此来打击竞争对手，鼓舞士气，引起销售团队一阵阵欢呼。我心里想，这个公司估计要完蛋了。他们没有花任何时间讨论自己的产品在技术上、客户服务方面如何优于对手，他们的销售人员如何训练有素。他们没有花一分钟时间讨论如何把市场占有率从第四名提升到第一名。他们对于自己有何独特之处毫无头绪，而是把整个会议内容变成了诋毁那些明显比他们做得好的公司。在上台之前，我必须作出决定：告诉他们错在哪里吗？还是按我事先准备的继续讲下去？他们花钱请我并没打算让我来评判他们公司的价值观，因此我只是作出标准的评论，没多说什么。更重要的是，他们已经走得太远了。从上层领导到基层员工都彻头彻尾地错了。他们已经形成了一种诋毁他人、而不是改进自己的公司文化。永远也不要期望靠诋毁别人来使自己强大。

知道吗，那家公司今天的市场份额还停留在几年前的水平，这没什么大惊小怪的！

关注“自己”，发现“自己”

成功的关键绝不是别人的失败，而是你的成功。你的成功跟别人无关，只和自己有关。你要把精力放在打造一个无人能敌的公司上面。我喜欢我的朋友、未来主义者丹·伯勒斯所说的：“关注竞争就等同于平庸。”**把水平提高到竞争者之上，形成自己独特的风格，这样你就没有竞争了。**

这么简单啊？

一点儿也不简单。这也是为什么很少有人能真正做到击溃竞争对手。

我想你能明白，如果你读过几本商业书，就会更确切地知道我在说什么了，这叫做打造品牌——目前商业上最新最流行的术语。

品牌除了说明你是谁，其他的什么也不是。打造品牌的过程，首先是做一些跟其他人不同的事，然后通过市场推广出去。打造品牌就是发现你的独特之处，并把它发挥出来。

我本人就是一个品牌。我很努力地打造这个品牌。几乎所有的公共演讲者都被归为两类：特定主题的培训师和激发斗志的演讲者。而我创建了自己的品牌，就是我自己。

我注册了自己的商标——全球唯一非理性演讲者，我把自己放在那些常规励志演讲者的对立面。我还注册了“个人发展领域的斗牛犬”这一商标，我认为这清楚地表明了我是谁，是干什么的。

我并不总是很清楚自己是谁，至少在表面上不是。我的职业生涯初期跟其他人很相似——一个可以做一些销售培训、客服培训和领导力培训的励志演讲者。我很和蔼，鼓励支持别人积极向上。但这让我感到不舒服，因为这并不是我自己。我本人很刻薄，爱挖苦人，我相信路是自己走出来的。但那时我并没有宣扬这些，因为那时我坚信，想要成功，就要做别人都在做的事，只要做得更好就行了。我没有意识到，你不是总能把该做的事情做得比别人好。你其实已经很努力了，但总不能做得比别人好。**只有成为独一无二的你，才能超过别人，这才是问题真正的关键。**

几年前，我突然领悟到这一点。当时，一位会议策划者跟我探讨关于领导力的演讲，题目是“领导者必须做好的8件事”，里面包含了关于如何当好领导的8条原则。她告诉我说本打算请我去演讲，但是考虑到另外一名演讲者的演讲包含10 条提升领导力的原则,内容比我的多,他们要雇他了。从那之后,我就下定决心,不在演讲内容上竞争,因为随时有可能有人比你的演讲内容更丰富。我决定要与众不同,人们不是因为我说什么而雇用我,而是因为我怎么说才雇用我。没有人能用跟我完全一样的方式演讲。很简单,我就要做我自己。没有人能跟你竞争,因为你是独一无二的。

没有人像拉里·温格特一样做拉里·温格特，虽然很多人尝试过。我充分接受了自己的独特之处。我有着挑衅、生硬粗暴的个性,想到什么就说什么,但我不在乎。为什么呢?因为有人想听到这些,愿意付钱听我演讲。你就在读这本书,不是吗?我认识到如果充分接受了自己的独特之处，就没有人能与我抗衡,也不会有人能复制成功。这就是一个成功的品牌。

你也有能让自己在事业上成功的品牌。也许你还不知道它是什么,但是你必须要找到它。为什么?因为如果你找到了自己的品牌,就没有人能和你竞争了。

看看你的工作，你的生意。没有人跟你在同一个地方办公,没有与你一样的下属,没有和你一样的处世态度。其他人也许就在隔壁以同样的价格在卖同样的商品，但是他们不是你。你和你的工作是独一无二的。

放弃别人对你的认知,做你自己,这是个简单的概念,但是有时候很难做到。人们很难做到不管别人对自己的想法。但是成功的关键就是发现自己的独特之处,并发挥出来。你自己或者是你的企业真实的个性才是你成功的关键。

创建品牌——让自己与众不同

也许你已经创建了自己的品牌。甚至在你准备做这件事之前,品牌已经被建立了,日积月累形成的口碑为你做了这一切。

你也许被认为是个好人——看起来还不错;工作也做得不错,就是做得很慢——这似乎就不太好了。由于你以往的行为得到了这样的名声,结果,你在别人眼里就成了做事很磨蹭的好人。

每个公司和组织都会形成自己的名声或口碑。一些公司靠做事的速度出名,比如说联邦快递;一些公司靠品质出名,比如梅赛德斯·奔驰;有些则靠优质的客户服务出名,比如美国诺德斯特龙连锁百货公司;一些公司因为很酷而出名,比如苹果电脑;还有一些因为慢而出名,比如邮政局。

我们一起来看看美国西南航空公司。有很多书介绍他们。西南航空公司能提供快捷、令人愉快、价格低廉的旅程服务。在坐上飞机之前,你就很清楚地知道自己会得到什么服务。这就是他们的名气,他们每次都能做到,这非常有用。我认为他们真的很棒。

他们是怎么做到的呢?西南航空公司怎么能在 15 分钟之内让所有到站的乘客走下飞机，然后又装满人呢——同样的过程其他航空公司要花上 45 分钟。因为他们想做到,他们想快速转机,所以他们做到了。除此之外,他们把乘客也融入这个过程中。

我最近坐短途飞机从凤凰城到拉斯维加斯。飞机晚点了大约 15 分钟。登机前,登机门的服务员拿起扩音器,对所有人说,他知道大家都想准时到达拉斯维加斯,有约会的人们想有足够的时间去赴约，他说要做到这一点的唯一办法就是我们所有人都参与进来,一起在规定的时间内让所有人都登机,这就意味着每个人找到一个座位就坐下——只要找到座位,坐下就行了,不要说话。每个人都笑了,愉快地做了该做的事,这样才能让飞机按时起飞——我们的确做到了。

同样的情形,换了另一家航空公司,处理的方式却截然不同。我最近搭乘了一班美国航空公司的飞机，也晚点了大约 15 分钟。我朝登机门的服务员走去,问她新的起飞时间,她告诉我说,如果能在 15 分钟内让所有旅客全部登机的话就能准时到达。实际上,她花了将近一个小时让旅客下飞机,又重新上满人。马上要起飞的时候，他们在为耽误了旅客的行程而道歉。

许多人会说区别就在于西南航空公司不指定座位，这就是为什么他们能在15分钟内让乘客离机登机。我不同意。这种做法确实有效果，但是真正的原因是航空公司和乘务员的态度。西南航空公司的目标就是让航班准点，每个员工都尽力做到，而且让乘客也参与到这个过程中。整个飞行计划就是为了达到成功。

其他的航空公司似乎就是为了失败而活着的。他们形成了一整套找理由的文化，不希望做成事情，也做不成事情。我看到航空公司的管理层在电视上讲话，说他们几乎不盈利。这是在“9·11”事件发生以后，政府给了他们财政补偿之后。你也看过类似的讲话吧？他们没有打算盈利的计划。哦，我知道他们一定作过书面计划。但是他们没有让所有人都参与其中——他们已经形成文化了。他们没有让乘客参与进来，而是拿走了乘客的毯子、枕头、杂志和食物，以降低成本，并且在这个过程中形成了恶劣的态度，让付钱的乘客——你和我——都很不开心。我们许多人都跟他们有过矛盾，这奇怪吗？他们没把我们当自己人，没有让我们关心他们的成功。他们待我们不好，把我们当球踢，在我们抱怨的时候就做出一种满不在乎的样子。

我很奇怪地发现，西南航空公司扔过来一袋花生，我都会高兴得要死，但是其他航空公司给我提供了美味的饭菜，我却很反感。

最近，我告诉一名美国航空公司的乘务员，作为美国航空公司的白金会员，这家公司为我做的唯一的事情就是让我早些登机，他们好有更多的时间对我无礼。

跟西南航空公司竞争的不止一家航空公司。的确，也有航线同样、机票费用几乎一样的低成本航空公司。但是乘坐那样的飞机跟乘坐西南航空的飞机感觉就是不一样，简直就不是同类事物在比较。不管你喜不喜欢，你只能从西南航空得到想要的东西。

这就是你要努力做到的。让自己独特，别人只有从你那里才能获得这种感受。

有很多方法可以做到这一点。

你的颜色可以让你与众不同。UPS 是棕色的，他们把棕色作为自己文化的一部分。

政府员工保险公司是美国第四大私人客户汽车保险公司，用独特的蜥蜴，一种电脑制作的可爱蜥蜴形象来代表自己。他们把这种概念延伸，形成了“我有好消息，我刚刚买了省钱的汽车保险”的品牌形象。

多米诺比萨以前说过，他们的比萨可以在半小时内送到顾客家里，不然就不要钱。他们卖的是比萨还是速度？相信我，他们卖的是速度。几年后，很明显，因为司机老是遇到交通事故，他们免费送了太多的比萨。于是他们放弃了这个策略，现在他们转而卖的是比萨了。但我估计他们还会遇到麻烦。

敦豪航空货运公司(DHL)说，他们打算把客户服务的重点放回到船运行业。我喜欢这样的宣传。因为他们知道其他两家大型海上航运公司客户服务质量很差，他们说自己有别人没有的东西：优质的客户服务，这样就让自己与众不同了。他们承诺的是更快的服务，还是更优惠的价格呢？都不是，他们承诺的是优质的服务。我喜欢这样。广告宣传的结果是，UPS现在不得不花大力气把客户服务做得更好，这是过去他们忽略的东西。因为有公司决定做我们都期望的事情(优质的客户服务)，并把优质的客户服务变成自己的独到之处。太酷了！

> “你生在这个地球上是来创造的，而不是来竞争的。”
>
> ——罗伯特·安东尼博士，《超越积极思考》作者

思考一下你是谁。你的过去是什么样的？经历过哪些别人从未经历过的？做了哪些别人做不到的？能做哪些别人做不到的？有没有独一无二的地方，可以在为他人服务的时候发挥出来？一定有，我保证！发现它，利用它，这样你就再也不会因为竞争而担心了。

拉里对于竞争的简短总结：

■ 不要过度关注竞争。

■ 不能依靠贬低别人来树立自己的形象。

■ 顾客会花大价钱买独一无二的东西。

■ "打造品牌"就是发现自己独特之处，并学会怎样把它发扬光大的过程。

■ 独特个性是建立在真实的基础之上的。

第 11 章

卓越领导必须做好的 8 件事

通常，我对排比、押韵之类的修辞手法并不感兴趣，我不喜欢首字母缩略词、格言和任何形式的修辞。但是我喜欢把这些都是以“ATE”结尾的词给你们列出来。我喜欢这么做是想让所有的词都押韵，这样便于记忆。

创造（Create）

作为领导，我们必须创造三个条件：

1.良好的环境。

2.良好的氛围。

3.良好的团队。

创造良好的环境

似乎很简单，对吗？你能对办公环境再做点什么呢？很多。我不关心你的公司是不是像个大箱子一样丑陋，是不是跟其他连锁店一样，我也不管你是不是有上千个看上去一样的小隔间。作为领导，你要对工作环境负责，确保工作环境干净整洁，体现出这是一个工作的地方，非常职业化的地方，顾客可以信任的地方。如果你的个别员工休息时间在前台抽烟，把那儿变成了一个大烟筒，如果地板不干净或者卫生间不干净，如果茶水间里的冰箱似乎要爆炸了，里面还有变质的食物，如果有的员工站着闲聊或无所事事，这都说明你做得还不够。

不好的工作环境会影响员工的情绪和行为，也会影响客户的情绪。把工作的地方打扫干净，把小隔间墙上所有愚蠢的挂件都摘掉，把冰箱擦干净，取缔大烟筒，监督你的员工，让他们忙碌起来，他们会完成更多的工作。

创造良好的氛围

领导者必须创造一个人人负责的氛围，一个员工知道每种行为都会有相应后果的氛围。领导者要坚持执行这样的后果。为了公平起见，这些后果都应该事先向员工讲清楚。人人负责的氛围不是消极的气氛，实际上，它是很积极的氛围。这种氛围可以激励优质的服务，让优秀员工得到晋升，使好的工作表现得到认可。

领导者必须创造出一种人们可以自由思考、献计献策、富有创造力的环境。大多数领导认为他们应该让员工埋头苦干，整天忙得头也不抬。有些工作确实需要头也不抬地埋头苦干，但是大多数工作并不需要这样。另外，如果你总是要求员工埋头苦干，你一定是雇错了人，或者，你是在控制这个团队，而不是领导它。

> “领导的速度决定了员工的速度。”
>
> ——加拿大首次制作的系列剧《育空警长普雷斯顿》

培养良好的团队

我必须承认，雇用到合适的员工确实很难。简历也不能说明多少问题，从法律角度讲，以前的老板也不会告诉你将要雇用的人是个用斧子杀人的凶手或者小偷——他们只能肯定那个人曾经在他们那里工作过。而且，真的越来越难提出可以“辨别”一个人的问题了，有太多的人善于进行头脑风暴练习。那么，在面试的时候该怎么办呢？没什么办法——只能凭感觉了。即使是感觉也会受到欺骗。我就被愚弄过很多次了。有些人就是很会面试，我管这些人叫“能说会道的无能之人”。因此，你能做的只是跟面试者交谈，感觉一下他或者她是个什么样的人，提出你能提出的最好的问题（有很多书可以帮助你做到这一点），然后就是跟着感觉走了。

把能雇用到合适的人作为你的目标。我记得很久以前有一段里昂那·赫尔姆斯利连锁酒店的广告。广告上说:“我们不会教育员工成为好人,我们只雇用好人。”这简直太棒了!里昂那·赫尔姆斯利一直被誉为商业道德典范。考虑到她因为诈骗蹲过监狱,我很奇怪她能想出这个创意。不过即使这不是她的原创,是广告公司的作品,也是我们应该为之努力的。在多数情况下,你可以教给人们怎么做好工作,却没办法教给他们怎么做好人。所以,我们要做的就是雇用好人,培训他们做好工作。

如果你能找到一群有共同目标的好员工,就不需要再做什么事情了。

拉里的 20–60–20 法则

我认为员工可以被归为三个类别:

拔尖的 20%。他们是精英,准时来上班,做好分内的工作,正直诚实,对同事和顾客很尊敬,不管你在场还是不在场他们都努力工作。

垫底的 20%。这些人跟拔尖的 20%正好相反。他们对公司和顾客来说毫无价值。他们可能人很好,但是你付钱给他们不是因为他们是好人;你要的是结果。这些人不会给公司带来什么业绩。

看看你还剩下什么人了?

中间的 60%。这些人的工作干得“还不错”,该做的事情大部分都做了。总体来讲他们都是好人,是好员工,但不是出色的员工,也不是差劲的员工。

这个 20–60–20 法则对你来说有什么意义

从管理的角度来说，明白这个法则可以让你的生活变得更简单。

对于拔尖的 20%员工,你要做的就是别挡道。只需要在开始的时候看看他们需要哪些帮助才能做好工作，就给予他们什么。这些人不需要手把手的指导,他们需要的是你的支持和鼓励,这就够了。毕竟,这些员工不论在什么情况下都会干活的。他们从不抱怨,只想把活干好,那就让他们干吧。

但是要知道这 20%的人早晚会离开你。这些员工需要不断的挑战,即使你为他们提供挑战和机遇,他们最终也会流动到更大、更好的公司去做新的事情。他们从骨子里就喜欢迎接挑战。

对于垫底的 20%员工,可以考虑辞掉他们了,这样可以节省你的精力。垫底的这 20%员工就如同俗话说的,教猪唱歌是办不到的,还会惹猪生气。这是不可能完成的任务,纯粹是浪费时间和精力。你不可能激励没有激情的人,你没法教育不能教育的人。放弃吧,再找一些新人。

把时间花在剩下的60%员工身上——这些才是需要帮助、值得你花时间和精力的人。作为领导者,你该做些什么工作呢?很简单,就是把这60%的人推到另两个分类里去:拔尖的20%和垫底的20%。是的,你的任务就是把中间的人往顶层和底层赶。

现实情况是这样的,明天你走进公司,把垫底的20%都辞掉了,用不了多少时间,中间的这60%就会分化,有人开始填补这支垫底的队伍。事实上,很多人一直在等待这样的机会,他们也想垫底,但是在你把垫底的人都开除之前,没有他们的位置,所以他们只是埋头苦干,做着“还不错”的工作。不过现在有位置了,他们马上高兴地滑落到底层。这对你来说是好消息。为什么呢?因为你知道该怎么做了——接着把他们炒掉!

另一方面也是如此。如果你明天走进公司,发现拔尖的20%员工都走了,去干更大更好的事业,用不了多少时间,中间的60%就会有人升到前20%的位置。你实际上有非常优秀的员工在中间梯队,他们迫不及待地想成为那20%的优秀员工,只是一直没有他们的位置,他们一直没机会展露自己的实力。

这就是你为什么要花时间在中间的60%员工身上的原因了,这里埋藏着寻找机会崭露头角的人才资源,也有不少等待机会做逃兵的人,你的任务就是发现他们的发展方向。这样,

20%拔尖员工走掉的时候你不会惶恐不安，因为你知道有人已经准备好了来替代他们的位置。不要惊慌——给他们晋升的机会。另一方面,你知道谁想要成为底层的居民,可以开始准备把他送上路了。

虽然你可以每天都在解雇员工，这个百分比还是会保持不变,你永远都会有拔尖的 20%,垫底的 20%和中间的 60%。

交流(Communicate)

领导者必须首先告诉员工的就是大家一致要努力达到的目标,要让员工清楚全局性的目标。

领导者自己也要清楚集团的目标是什么。不要拿老一套来糊弄我:“公司的目标就是要赚钱!”每个公司的目标都是赚钱,不过没有多少公司善于做到这点。不要吵吵着说传教士常说的话,我觉得传教士的话没几句值得一读,十句有九句都毫无意义。比如,要为客户提供优质服务,要保持利润增长,要尊敬每个人等等——这与传教士的话有什么区别?

如果你不能用一句话概括出自己靠什么谋生，你就不知道自己到底是靠什么谋生。这对于大多数公司同样适用。如果你无法用一句话解释自己的公司是干什么的，你就真的不知道公司究竟在干什么。

你是靠什么谋生的？告诉我，现在就大声地说出来。你能不能用一句话来概括？不能？那就好好干吧，直到你能做到用一句话概括为止。

你的公司是靠什么赚钱的？作为领导者，你应该能用一句简洁的话概括出来。这句话就是你对目标的陈述。你把这句话讲给公司里的每一个人听了吗？

有人认为公司目标、公司使命、对前景的描述应该是崇高的、远大的。根本不是这样！华丽的表述只能让人们敬而远之，没人会明白，也没人会关心，而且最重要的是员工不知道该怎么去完成。

你听过一个人与三个正在砌砖盖房子的工人对话的故事吗？也许你没听过，那我就把它讲给你：

有人问三个正在砌砖盖房子的工人："你们在干什么？"

第一个人说："我只是要挨过 8 个小时，之后就可以回家了。"

第二个人说："我只是在垒砖。"

第三个人说："我在建造一座大教堂。"

给你讲这个故事的演说家会充满激情地告诉你，只有第三个人真正明白自己的事业，只有第三个人看到了全局，只有第三个人有崇高的目标。真的是这样吗？

很多时候我们做的事情只不过是在熬时间，熬到下班回家那一刻。有时候我们只是需要员工砌砖。这有什么错吗？毕竟，如果我们雇用员工就是让他们砌砖的，那就鼓励他们成为砌砖的高手，让他们去砌那些砖吧！他们接受培训也就是要做这个，付他们钱也是干这个。那就做吧！拿什么钱，就干什么事，需要做什么就做什么，这很光荣啊！前两个回答无可厚非！

另外，那个说他自己在建造大教堂的家伙没准盖的是沃尔玛购物中心。

我曾经在一群总是把“建造大教堂”挂在嘴边的家伙身边呆过。有时候他们的脑子总是云里雾里的，砖都砌不直。员工不需要总有崇高的理想。有时候不管目的如何，他们只需要把砖砌好就行了。

好吧，我的故事讲完了，希望你现在能明白了。

说出自己到底是干什么工作的

很多员工不让老板满意，是因为他们不知道做什么才能让老板高兴。没人告诉他们该做什么。是的，有人跟他们说，“你是看门的”，“你是销售员”，或者“你是公司总裁”，但是他们不知道这意味着什么。

让每个人准备一份关于自己工作内容的描述，让他们清楚地说出什么是必须要做的，什么时候做，最重要的是为什么要做这件事。同时给每个人一项任务，给他们一份行动说明，让他们可以照着去做。如果有足够多的人明白自己的工作内容,并保质保量完成任务,那么你的公司实现目标就是自然而然的事情了。

在交代需要做什么的时候，不要花时间告诉员工怎么做,而是重点讲要做什么,为什么要做,然后让他们用创造力来使你吃惊吧！**一个“为什么”往往比“怎么做”会更让人爆发活力。**

不要想当然地以为每个人都明白你说的话，要学会用清晰简洁的语言来表达你的想法。

杰出的领导者语言强劲有力。我不是说他们像水手一样骂大街，我的意思是优秀的领导者说话都很坚决，他总能清楚、简明而满怀信心地表达自己的意图。

很遗憾,大多数人的耳朵很敏感,很自然地认为提意见的人都很鲁莽。这样想是不对的,不应该拒绝清楚、直接、坦诚,甚至有点鲁莽的直言不讳。要学会欣赏那些快速有效的表达,这样会避免很多误会。我们可以比较一下两种提建议的方法:

第一种:“如果你能考虑尝试一下这种方式，而不是用现在使用的方法完成工作的话,结果有可能会改善。”

啊？什么意思？

第二种:“嘿！你搞错了。不要那么做,要这么做！”

噢,我明白了!

培训(Educate)

我曾受邀为一家安装门的公司作讲座。他们的员工是一群裹着头巾,满身文身,在上午 9 点喝啤酒的家伙。我想我遇到麻烦了——不要误会,对于这些人我没什么成见,我只是不确定这群人在这个时候,在这种情境之下,会对我的话有什么反应。这个公司考虑得很周到,为在场的每位听众都买了一本我的书《闭上嘴,停止抱怨,行动起来》。我真的很敬佩公司的这种做法,他们在为员工将来的业绩投资。

当我走上讲台的时候,这群家伙给了我一轮热烈的掌声,此前很少有听众这么热情。我一讲完,他们都站在椅子上为我欢呼。他们排成一队等了一个多小时,让我为他们每个人的书签名。这个讲座不是为经理举办的,是为员工举办的——这些每天安装门、面对顾客的员工。这个公司搞清楚了状况,他们把钱花在了刀刃上——花在一线的员工身上, 这些人才是为公司带来最终效益的人。

培训和挖掘潜力不一样。领导的工作不是发掘员工的潜力,他们的任务是雇用有潜力的人,然后为他们创造条件,让他们可以充分发挥潜力。另外,你没有时间培育新人。如今,我们不得不用最少的钱办最多的事, 要做到这点最好的办法就是雇用并且留住最好的员工。

把你的时间和金钱放在教育有潜力的员工身上。那些没有任何潜质的人不应该在这里工作。

“没有潜力的员工不是更需要教育吗?”的确需要。那你去经营一家慈善机构吧，去教育他们。经营一家公司需要花费太多的时间和金钱,记住,你没有时间和金钱去培训没有潜能的人。

鼓励员工参加研讨会,听讲座,读书,听研讨会录音,看研讨会和演讲的 DVD。你应该花时间帮助他们成为最好的人,既要培养他们的工作技能,也要培训他们的生活技能。

我认为每个公司都应该建立一个可供员工阅读和借阅书籍的图书馆。不光要有关于工作的专业书籍(只要得到合适的培训,人们总是可以找到工作的方法),还要有教给大家如何做人的书。有很多经典的关于如何制定和实现目标的书,CD 和 DVD 也会教授这些技巧。请回答下面的问题,如果你的员工知道如何制定和实现目标,他们是不是能把工作做得更好?当然了!这种技巧与工作需要用到的专业技术毫无关系,但是我们都知道如果掌握了这种技巧,就能把工作做得更好。那么健身呢？如果你的员工都很健康,而且关注自身健康,你的公司是不是会更富有?当然会的。这样可以为你节约资金。健康的员工不会请病假,从保险的角度讲不会花费很多,因为他们感觉好,工作也会做得更好。保持身体健康,这是一种做生意的技能吗?不是,这是一种生活技能,但它会为你的公司带来意想不到的好处。

很少有公司鼓励员工提高生活技能,他们似乎不明白只有状态良好的员工才能创造出优良的业绩。所以请同时教给员工怎样提高生活的技能吧!

请记住,获得这些技能从根本上讲是个人的事情。员工是否愿意成为更好的人是个人的选择,但是公司有义务提供让他们成长的机会。如果你的员工想参加某个研讨会,帮他分担一半参会的费用。如果你读到一本让员工受益的书,给他们每人买一本。教育、培训员工的确要花很多钱,但是不教育员工带来的损失会更多。

> “花大价钱培训每一个人,在培训上花再多的钱也不为过。”
>
> ——汤姆·彼得斯,《寻找卓越》作者

身为领导,你也应该去读书,参加研讨会,听 CD,看 DVD。你应该跟他人分享学到的东西,为员工做出榜样。

下面,写下你最近一年读过的或者现在正在读的 5 本书。先写下我的这本书!

1.________________________________

2.______________________________

3.______________________________

4.______________________________

5.______________________________

有没有写出5本呢？如果能写出来，不错！如果不能写出5本，说明你是个懒惰的读者。对不起，你不能松懈，我说话是非常认真的：如果你一整年都读不了5本关于生活和工作的书，你就是个懒蛋。你也许能掌控管理工作的全过程，却没有把员工领上更好的道路。

“但是，拉里，我太忙了，没时间读书。”你给出了一个不好的理由，而且是对我提出来的，我绝不认可。做对你来说重要的事情总是有时间的。你不读书，是因为你认为读书不重要。你如果把个人和事业发展看得很重要，就能够每天挤出一点时间去实现这个目标。

> “做出榜样不是影响别人的主要办法，而是唯一途径。”
>
> ——阿尔伯特·爱因斯坦

授权(Delegate)

你不需要用保时捷来运垃圾。这样太浪费，保时捷不是用来干这个的。况且用保时捷运垃圾你要花费大量时间才能运完，所以你需要找一辆垃圾车。垃圾车是干这件事最合适的车辆，可以更快、更好、更合适地完成这件事情。

在有效地分配任务方面，授权给员工也是一样的。领导者不应该做本该由别人做的事。有人成本更低，有人干得更快，有人更喜欢做这件事，这就是授权的规则。如果可以花更少的钱，更快、更好地完成任务，或者有更喜欢做这事的人，不妨让他们来做这件事。

再强调一遍，做事之前，问问自己下面的问题：

怎么做能让成本更低？换句话说，可以让一个工资低的人做吗？

能做得更快点吗？有些人做某些事情要比你快。

能做得更好点吗？即使你是领导，某些工作也可能不如其他人做得好，那就让他们去做吧。让比你干得好的人完成这件工作可以证明你很聪明。

你能让比你更喜欢做这件事的人去做吗？

你不必喜欢每一份工作。

参与(Participate)

有一段时期,我拥有一家电信公司,主要业务是销售、安装电话系统。我很擅长把电话系统卖出去,但是对于安装我却一窍不通。所以,有时我向客户承诺了根本做不到的事情,这是很可怕的。因为我承诺了一些安装人员做不到的事情,我的安装部经理快要疯掉了。所以后来我参加了一次安装电话系统的培训,了解了卖出这个系统之后要做的事。我实地考察,看着我的安装人员布线、安装插座、调试系统、把系统挂在墙上、插上耳机、进行测试。我了解了需要哪些条件才能做到这些事,因此我成为了更好的领导。我知道怎么做吗?不知道,但是我知道该做什么才能完成任务。

> "在旋转的椅子上作不出好的决策。"
>
> ——乔治·巴顿将军

奖励那些你认为应该重复的行为,奖励那些需要别人效仿的行为。

拉里的奖励原则

立刻做。不要等到月底公司开会的时候。当你看到员工在做一件“值得奖赏”的事情时，停下来立即奖赏他。这和训练狗是一样的道理。你训练狗的时候，如果狗做了什么正确的事情，你会停下来喂它点吃的。狗做错了事，你会给它一个简短迅速的指正。

让奖励更具体。不要说一些泛泛的诸如“你干得不错”之类的话，这没有什么意义，不能强化你想要重复的行为。相反，你要说，“我喜欢你对待顾客的方式，你告诉他们什么什么……”你夸奖得越具体，就越有可能看到这样的行为被重复。

既要当众夸奖，也要私下表扬。如果你立即而且具体地夸奖了别人，大多数夸奖的行为不会被其他员工注意到，因为他们没在旁边看到或是听到，这没关系。虽然在众人面前大肆宣扬某些人的成就可能会让他们尴尬，或者对一个人夸奖太多，也会打击其他人的积极性，但是有些表扬适合当众给予，在下次开会时还要重复一遍，这样可以让所有人都能学习。所以，在合适的机会当众表扬员工吧！

富有创造力。我读过一项研究，说对人们来说最重要的事情就是空闲时间。那么为什么不给员工两小时的午餐时间作为奖赏呢？或者是出人意料的东西，比如整个下午或者一整天给他们放假？这是奖赏员工的有创意的做法，我保证肯定很吸引人，而且受人感激。你也可以奖励他们接受一天培训，可以让一个有潜力的员工参加销售研讨会或者本地区举行的其他研修班。给他们一本书，一张 CD 或者 DVD。让你的奖赏富有创造力并不难，问问员工喜欢什么，也是一种让员工加入到奖赏体系的很有趣的做法。

让奖励有正面效果。不要说诸如“干得不错，我想你的工作还能保持一个月”之类的话吓唬人，或者更糟糕的，比如，“简这周干得不错。为什么你们其他人不能做得像她一样好呢”？这会让简成为同事的敌人，你把奖赏变成了惩罚，破坏了奖励本身的意义。如果你这么做，就不要指望简再做出突出的成绩——没人喜欢成为这样的被表扬者。

让奖励个性化。员工就像你的孩子，不能对他们一视同仁。让一个孩子去公园玩球，把另一个孩子带到商场；一个孩子喜欢冰激凌，另一个孩子想吃牛排。了解你的员工喜欢什么，这样才能奖励给他们有意义的东西。也许有的员工喜欢鲜花，给他们一束美丽的鲜花，有人喜欢读书，那就给他们买一本书吧。不要给喜欢书的人一束花。知道有多么简单了吧？

我有一个朋友，他有一个大约 100 人的公司。他是个大块头，大嗓门，爱交际，坚信个人对公司的责任感。他最喜欢做的事情就是发现正在干正确事情的人，递给他一张百元大钞。他也很相信阅读能帮助个人成长。他喜欢走过去问别人在读什么书，然后再问对方最喜欢这本书的哪一点，这样才能证明他确实读过这本书，然后递给他一张百元大钞。告诉我有谁不喜欢这个活泼可爱的新时代的本杰明·富兰克林？他告诉我这么做了几个月之后，很难找到不看书或者不努力工作的人了。

参与奖励员工的过程，向他们证明你参与了整个过程——而不仅仅是在他们出错的时候出现。

休眠(Hibernate)

好的，现在你做了我建议的所有事情。你授权给合适的人，交流了，培训了，参与了，什么都做了。是不是感到累了？应该是累了。现在是你自己的时间了，抛开这一切，走开一段时间，抽时间去看场电影，关上门打个盹儿，提早几小时下班，回家和孩子们一起玩。

“我不能这么做！”如果这是你的第一反应，那么你就没有真正做到我们刚才谈到的事情。你没有把员工培训好，让他们自己完成任务。需要时刻监督指导的公司不是一个训练有素、管理完善、领导有方的公司。如果你连几个小时都无法放松的话，你就是一个糟糕的领导，你没有做好工作。

我有很多时间要在飞机上度过。我总是看见有人打手机，咆哮着发出命令，检查员工的情况，直到飞机乘务员站到他们旁边，督促他们关上手机。飞机轮子着地的一刹那，他们赶快打开手机，把电话打过去，继续说起飞以前没说完的话。如果让我跟这些人谈谈，我敢保证大多数人都会为他们的行为辩解，说他们是“全局”的操控者。他们深信自己在很用心地做工作，即使出差的时候还参与其中。事实是，他们是糟糕的经理，没有把员工训练得能够独立完成工作，或者他们不相信没有人监督，员工能自动良好地完成工作。我认为他们中很多人是可悲可怜的，他们太妄自尊大，认为只有他们自己才能作出好的决定。

学会走开，强迫自己休息一段时间，即使只有几个小时。甚至花点时间在街上转转，或出去喝杯咖啡。相信你的员工知道该做什么，怎么做，让他们给你惊喜。即使他们搞砸了，你回来的时候也知道该做些什么，这样你才能恢复精力去处理事情。

评估(Evaluate)

你已经给了员工机会完成他们该干的事。现在是评价他们表现的时候了。不要总是授权给员工一件任务，然后希望任务马上完成。请不要如此天真，认为这件事应该做，就一定能做到。你要想得到期望的结果,就要经常关注事情的进程。

你需要评估两件事:工作主动性和工作效果。

我不是很提倡紧张工作，但更不支持人们站在或者坐在那里什么也不干。

我做电话生意的时候，有一个安装工人在安装两部电话的间隙，拿起扫帚把整个库房扫了一遍。这不是他该干的工作,我提醒他,他的回答是:“我知道,但是我拿钱也不是该站在那里的。你付钱让我工作,那我就干活。”这话对我来说是不是很受用？当然了！你觉得呢?

员工的工作主动性虽然不是评估的最重要内容，却是最容易评估的,很容易就可以看出人们是不是在做事。到公司四处走走,检查几份报告和几组数字,你就会知道得更多。

需要评估的最重要的事情是工作效果，这不仅仅是完成工作的事,而是按照正确的方法做正确的事。并不是“工作完成了吗”或者“任务完成了吗”这么简单。

评估工作效果需要你花点心思，评估整体的工作效果则需要考查每个人的表现。

让我再强调一下,我说的是“工作表现”,这是你有权利评估的唯一的事情。你没有权利评估工作的人,而只能对结果作出评判。我的公司里有一些我真的不喜欢的人在为我做事，那又怎么样？他们完成了工作，我喜不喜欢他们又有什么区别呢？

但是有一个例外，如果做事的人对完成任务会造成不利影响，你有权利批评他。如果那个人太过古怪，顾客和同事都不想待在他周围，你有权指出来。如果一个人令人讨厌到了影响其他人跟他交流，工作量也因此大大减少，你有义务指出来，并采取点行动。如果你不欣赏他的生活方式或者宗教信仰，或者不喜欢他的发型，这跟你无关。问自己一些问题：工作能完成吗？是按照我想要的方式完成的吗？如果答案是肯定的，那就奖励他们一下，让他们继续干下去。其他的事都无关紧要。

建设性的批评——愚蠢的概念

你怎么敢说建设性批评是个愚蠢的概念呢？它不是一种完美的管理方法吗？不，不，这太天真了！想想看，建设意味着树立，批评意味着摧毁，你不可能同时做到这两件相互矛盾的事。如果你想培养一个人，花点时间把这件事做好，鼓励他们，指出他们的优势，把他们送上愉快的道路。如果他们有时候把事情搞砸了——他们有时会搞砸的，我们每个人都会搞砸事情——那就批评他们，指出他们哪里做错了，教会他们如何把这件事做好。

许多作者和培训师都建议，把批评和表扬夹在一起，做成个三明治——说漂亮话的人(显然我不是)会叫它“表扬三明治”。有人试图在我身上使用这个可笑的方法,我从来不欣赏,这是对我的侮辱——直接告诉我你是怎么想的，不管是好是坏。我是个男人,我能承受。

如果有人拍着你的肩膀，要给你一点儿建设性的批评，给你准备好了“三明治”，你只需对他们说:“如果你想表扬我,我非常高兴。如果你想批评我,我也乐意接受。你到底要说什么？”

给人吃“三明治”的人总冒着风险,因为夹杂在表扬里,批评的力度会大大减弱,甚至会被忽略。没有了批评,教训就无从谈起,提出建设性批评的过程纯属浪费时间和精力,只会在我的嘴里留下恶心的味道。

简单一点儿,对了就表扬,错了就批评。还记得我之前提到的训练狗的事情吗?人们做得好,就开庆功宴。他们搞坏了,就立即提出直接的批评建议。这两种情况下,你都会看到进步。

另外,批评并不是一件坏事,不要回避批评。不要忘了你拿去做赌注的是你的公司、你的部门、你的顾客、你的钱。如果员工做得不对,你有权利对自己付钱聘用的人提出批评意见。

意愿和能力

评估一个人以及他的表现的时候,问自己两个问题:

1. 这个员工有没有想做这件事的意愿？

2. 这个员工有没有做这件事的能力？

你会发现大多数员工都有能力去做这件事，但是很少有人愿意做。作为管理者，应该尽全力让有能力做这件事的人产生对做这件事的渴望，这样管理者的身边就不乏有才干、工作出色的人了。

有的时候，员工既没有做事的意愿也没有做事的能力，也不太想获得意愿或者能力。那你该怎么办？很简单——

裁员(Amputate)

我看过很多关于动物的电视节目。很多年前，我看过一期关于捉猴子的节目。捉猴子的人摆出一些装着花生的玻璃罐子，这些罐子顶部的开口都很小，底部很大，是用很重的玻璃做成的。当猴子们看到花生，它们会把手伸进罐子里去抓，手里攥满了花生的时候，手就不能从瓶口拿出来了。猴子怕失去花生，不愿意撒手，于是手就被卡在罐子里拿不出来，让自己陷入了圈套，被猎人捉住了。我猜它们肯定是觉得错过这次机会，就再也不会有花生了，所以它们必须紧紧抓住手里的那些。

许多领导者也是这样。他们怕失去现有的员工，可那些员工最终把他们套牢了。我猜他们害怕再也没有可以挑选的人，所以处于绝望和恐惧之中，紧紧抓住现有的人。很可悲，不是吗？没有什么人是不可替代的。有很多非常有能力的人，很乐意为你工作。人们会抓住机会跳出来，按照你想要的方式完成任务。他们愿意准时上班，努力工作，听你指挥，好好服务顾客。但是你可能永远也找不到这样的人，这样的人也找不到你，因为你不愿意解雇那些不干活儿的人。

解决问题的办法是什么？放手，让这些人走，解除他们的劳务合同！

曾经有一次，我的经理在决定解雇一位员工时真的很为难。我问她为什么这么为难，她说："我不想这么对他。"我对她的回答感到吃惊。这个家伙是个可怕的员工，他总是迟到，非常无礼，什么事都干不好——不管从哪个方面讲都是差劲的员工。但是他的经理却在开除他时非常为难。我提醒她说，解雇一个人不是你对他做的事，而是为他做的事。

解雇一个人不是你对他做的事，而是为他做的事。

是的，你读得没错。解雇一个人其实对他是有好处的，是为他好。这个被解雇的人不适合你的公司，他的能力与你能提供的机会不相匹配，他的态度与你想要的不一样，他和你遵循的游戏规则不一样，他不会把你推近到想要的目标，而是把你推得更远。

让这些人走吧，他们好去找一个真正适合他们的地方。你知道吗，他们自己也知道在这儿待着不合适——相信我，他们知道。不管他们自己愿不愿意承认，他们知道自己不适合在你的公司工作。

所以不要觉得你是在伤害他们。实际上，你正在帮助他们到一个更开心、会得到更多赏识的地方，到一个他的能力和提供的机会相匹配的地方。

我得承认，被解雇的人不会把这看成恩惠。许多人会因为你解雇他们而大为恼火。哦，好吧，但这不是你的问题。你要做的只是帮他们打点行李，把他们送出门。你不需要让他们理解你或者同意你这么做。你不必为自己的立场辩护，跟他们争论，只要告诉他们为什么要这样做，把你的理由写成文件，然后炒掉他们，把他们送出门，祝福他们，然后找人顶替他们的位置。

看看你的公司，有没有人应该被解雇？那你还等什么？跟他们解约！

“但是他们可能会起诉我！”说对了，他们也许会的。我们现在这个社会很喜欢起诉。过去，作为公司的股东，你可以径直走进办公室说：“你工作干得太糟糕，简直是个白痴，还撒谎，偷东西，光是看到你就让我气愤，你被解雇了！”可惜那样的日子已经一去不复返了。现在政府出台了相关的法规，你不能因为员工干不好活儿就炒了他们。你必须有证据,必须先要多次警告,向他们提出策略和建议——你首先要做各种愚蠢、浪费金钱和时间的事情!

所以不要误会，我让你去解雇员工，不是要你去触犯法律,而是要严格按照法律和公司的制度去做这件事。我始终相信这一点,宁可花钱雇律师,也不要付钱给差劲的员工。你最好在法庭上跟他们斗争,而不要在公司内部跟他们较劲。

差劲的员工会害死你的公司

差劲的员工会伤害顾客的利益。竟然还有人允许你的员工伤害公司赖以生存、发展的顾客,这是多么可笑的事,不过这样的事每天都在发生。绝不要让你的顾客在任何时候、任何情况下被任何人伤害。

差劲的员工会伤害其他的员工。如果容忍了一个人的差劲表现,就是给其他员工发出信号:表现不佳,工作不是很努力也没关系。毕竟,老板都原谅了他,又有什么严重的呢?如果拒绝所有人非一流的工作表现，你很有可能从所有人那里看到一流的表现。

差劲的员工会损害你作为领导者的威信度。在公司内部,谁是英雄,谁是替罪羔羊,谁在努力做事,谁在偷懒耍滑,大家心里都有数,这并不是什么藏得住的秘密。如果你容忍偷懒的人，就会失去每位员工对你的信任，即使是那些偷懒的人也不会尊敬你。所以你要采取合适、正确的行动，奖励好员工，开除表现差的员工，这样才能赢得所有人的尊敬。

我提倡把对企业的成功没什么贡献的人开除掉，我想对此你已经很明白了。那么我们就来谈谈怎么做这件事。

我需要说清楚点，如果一个人对自己被炒掉这件事完全出乎意料，那么很可能你也要被解雇。你必须确定自己警告的是差劲的员工，他们知道自己的行为结果可能导致被解雇。如此一来，他们被解雇的时候就不会出乎意料了。作为经理，如果你没有向他们表达过你不能接受他们的工作表现，就会让他们觉得自己干得还不错。在这种情况下解雇员工也是不能接受的。当然，有时候事情突然发生，必须马上采取行动，员工当场就要离开公司——但是这种情况很少见。

拉里对于裁员的总结：

交流。解释问题出在哪儿，确定他们理解你的立场(不是同意，只是明白)，然后让他们知道继续这种不可接受行为的结果就是被开除。这样的事情再次发生了，提醒他们之前的谈话内容，然后立刻把他们送上路。

把交流的重点放在员工的业绩上。对于你所作的决定，把原因归到最后结果上，那就是工作业绩，把重点放在这上面。

不要从个人角度出发,或者让员工认为是针对他个人的。

快刀斩乱麻。不要总是威胁,或者拖拖拉拉。提醒他们之后,即使让那些员工晃荡一天对公司也是具有破坏力的。你需要马上把他们开除,送他们出门。

不要争辩。如果到了决定终止员工合同的境地,没有必要和员工争辩什么了。说出你的观点,做该做的事,把他送出门。

找个证人。因为我们生活在一个喜欢起诉的社会,我还建议你做记录。文件记录和证人可以为你省钱,减少法律上的纠纷。

在雇人的时候说清楚这是"临时"的工作,让你在最后决断时,符合法律规定。确保雇用员工的时候,他们都知道这份工作是"临时"的,意思就是说你可以按照自己的决定解雇他们。把这一点写在聘用合同里。哦,要先跟你的律师确认这一点,不要因为我的关系惹上官司。

"但是,拉里,你忘了一件事!怎么没提激励员工?"

首先,如果我加上"激励(Motivate)",那么题目就要从"卓越领导者必须做好的 8 件事"变成"卓越领导者必须做好的 9 件事"了,这不是我的意图。第二,我不相信激励。这也是为什么我的演讲从不谈激励他人的原因。我一度也谈激励他人——和其他演讲家一样,后来我意识到自己从来没有成功地激励别人做过任何事情。你也同样没有。于是我成为了世界上唯一的激怒别人的演讲者。**我坚信自己不能激励你，把你带到更好的地方去；但是我能让你对于目前所处的位置感到愤怒，从而愿意做点什么可以到更好的地方去。**

跟着我学吧，做一名不断激怒别人的领导者，追求完美到员工无法接受的程度，他们会对你很气愤，愤然离开你和公司。制定一个高标准的目标，标准高得只有最好的和最聪明的员工愿意为你工作，其他人都不得不去低标准的公司了。

记住，领导者的工作不是激励别人，这无论如何也做不到，所以不要浪费时间了。激励是不起作用的。你可以用警告、批评、加薪、给员工带薪假期等等手段，用各种形状、颜色和大小的胡萝卜作为奖赏来诱惑他们，最终的结果只有一个：让人们在合适的时间做自己想做的事情，或者不做这件事带来的痛苦结果会让人难以承受，他们就会不得不去做了。明白了吧？那就继续吧！

拉里对于领导力的简短总结：

■ 管理是关于怎么完成工作的；领导者是决定做什么以促使人们完成工作的。

■ 记住，不管你做什么，有20%的员工很出色；不管你做什么，有20%的员工总是拖后腿；你要把时间放在帮助中间的60%的员工身上。

■ 创造（Create）良好的工作环境和氛围，打造良好的团队。

■ 清楚地将大局告诉（Communicate）你的员工。

■ 培训（Educate）那些有潜力的员工，培训内容也要包括生活技能的提高。

■ 如果可以花更少的钱，更快更好地完成任务，那就把任务授权（Delegate）给更适合的人或者更喜欢干这件事的人。

■ 积极参与（Participate）整个具体工作流程，奖励你希望不断得到重复的行为。

■ 偶尔隐身（Hibernate）一下，让员工自己做自己的事。

■ 评估（Evaluate）员工工作态度是否积极，工作结果是否令人满意。

■ 解雇（Amputate）表现差劲的员工，记住炒了他们是为他们好。

■ 激励别人是不可能的，别想了！

第 12 章

团队协作不奏效

很吃惊吧？怎么能这么说呢？你是不是觉得团队协作对你来说就是一切？

你错了。团队合作不奏效。对此我很确定，其他人都说错了。

也许你所在的公司曾经花大价钱聘请过“团队合作”咨询师。这些咨询师设计出花里胡哨的游戏活动，教人们如何以团队为单位工作。也许你参加过户外拓展或者丛林集体探险，在活动中学习组建团队，与团队成员一起更好地工作。在这些活动中，你可能玩得很开心，开怀大笑了好几次，但是我敢肯定你们不可能回到办公室就立刻成为一支优秀的团队，更好地工作——至少好景不会太长。

团队协作不奏效，因为团队里有人不好好工作

没什么可说的，团队里有的人就是不认真承担自己那份

工作，团队协作的概念就丧失了——有人必须接过懒惰的人手里的活儿——一个烂摊子，整个团队才能完成项目。接手的人自然会怨声载道。

你知道我是对的，因为很可能你就是那个要收拾烂摊子的人。想知道我是怎么知道的吗？因为你在读这本书呀！懒惰的人什么都懒得做，他们会逃避工作，更不可能认真地读一本书。

团队(team)这个词里没有“我(I)”

有的公司把“团队协作”这样的陈词滥调印在宣传海报上，在全国的办公室里张贴，这让我很吃惊。有些人甚至把这句话挂在嘴边，制作成条幅，在公司会议上专门围绕这一话题进行讨论。

但是在团队(team)这个词里确实没有我(I)。里面有一个T，一个E，一个A和一个M，没有I，这就是为什么它不奏效的原因：因为工作跟团队无关，只是跟“我”有关。每个人都希望自己得到认可，而很少关心团队。如果你不同意这个观点，那么你一定是中庸之人，喜欢藏在很多人身后，不喜欢个人才能得到赏识，或许因为你根本没有多少才华。

> “在团队(team)里没有我(I)。但是如果你把字母顺序打乱,会得到我(me)。”
>
> ——福克斯电视系列片《房子》

那么我们该怎么办呢

与其建立一个所谓的优秀团队，我们更应该建立几个有共同目标的精英小组。在这些小组里,每个骨干都在做同一件事,就是尽情发挥自己的特点。他们对彼此的才能相互欣赏,互相帮助以便更快地达成共同目标，让每个人都更加出类拔萃,这是对他们的最好肯定。没人愿意跟混日子的人一起分享荣誉,精英小组解决了这个问题,它照顾到了团队中普遍存在的“有我什么事?我为什么要参与?”的心态。无论别人怎么说,请相信我，人们并不是真心愿意与他人分享。举个简单的例子,我想咬一口你手中的巧克力,你愿意吗?

我们还是要一起工作。

目标一致的公司骨干必须要在一起工作。在这个组织里,每个人都才华出众,他们会合作得很愉快。公司骨干喜欢和优秀的人在一起工作,但是这不叫团队协作。这是一群需要完成共同目标的个体,每个人都有自己的任务,都要为自己的任务负责,都会为完成任务受到表扬和肯定。

公司骨干不会是好的团队协作者。如果团队是由一群没能力、平庸的人组成的，公司骨干为什么要跟这样的人合作？

公司骨干不愿意和别人分享聚光灯下的荣誉。他们也不需要这么做，他们应该为自己所做的工作得到表扬，其他人也能从他们的工作成绩中获益，管理者也会因为一切进展顺利得到实惠。现在你能明白是怎么回事了吧？

公司骨干都想得到充分的认可，那就充分认可他们吧！不要让大牌员工又接球，又拽着落后分子。这样会导致公司骨干的不满和愤怒，最终把他们推到两难的境地：要么留下来继续让差劲员工沾自己的光，要么另谋高就，让自己的才能得到认可。

即使公司骨干留下来，也不会尊敬老板。因为老板把他和落后分子分配在一起，自己做出来的成绩不能得到充分的肯定，而那些没有才能的人还能滥竽充数。最终，这些公司骨干不再追求共同目标，很快会变得牢骚满腹。

通常当目标无法实现时，领导会问："究竟发生了什么？"根本原因就是他本身糟糕的领导能力。

公司骨干很容易厌烦。他们一般不跟随别人的步伐——他们有自己做事的节奏，通常都是走在别人前面。拽住公司骨干，好让其他落后的员工跟上，会激怒他们，使他们慢下来。

如果团队里有人掉队，其他人必须要为他收拾残局，领导者就会失去威信，因为他容忍了差劲员工的表现，这样就会破坏整个团队的士气。经常出现的情况是，领导者花精力指导、帮助表现差的员工,而这么做在绝大多数情况下是浪费时间。在这个过程中,领导者本该做的事被忽略了,比如,尽全力为公司骨干提供支持,促使他们更快更好地完成工作目标。

"只要销售业绩好,过程中的错误是可以掩盖的"

在我成长的整个过程中，爸爸妈妈经常向我强调这句话。他们都在零售业工作,知道结果的重要性。但是,其实不仅仅在销售方面是这样,它也是人生的哲理,提醒我们要注重结果。

这种说法在许多方面有着深远的意义，比如在公司骨干这个问题上。

许多年前,我在西南贝尔公司做业务经理。我需要做许多售前预测和报告，还有季度和年度销售计划。我讨厌做这些事,我不太相信这些,而且很快就发现这么做并不能预测公司的收入,而是产生了一堆堆的废纸,塞满了文件柜。我是一名好的销售员,而且是最好的销售员之一,总能超额完成任务。因此,做了几次文字工作之后我决定不做了,做这些事情对我来说毫无意义,我一直十分痛恨毫无意义的事。老板跟我恳切地谈了很长时间。我告诉他我几乎可以 200%地完成任务,我只要继续做销售,他们可以拿到我给他们挣的钱。我认为公司雇我是为了卖东西,而不是做文字工作的。我的老板是个聪明人,他同意了。他知道我是对的,一个远远超过定额完成销售任务的销售员,会让老板非常有面子。

从中我们不难看出,公司骨干会有自己的做事风格,有时甚至会与公司的规定相违背。

你不喜欢?觉得不公平?如果这么想,你一定不是公司骨干。公司骨干不需要和一般人一样遵守规定,因为他们的业绩不一般。也就是说他们乐意干什么就干什么——只要他们有出色的业绩就行了。

当然,如果业绩有了变化,规则也会相应地改变。如果大牌员工的业绩下滑,他们也要遵守每个人都必须遵守的规定。

如果你只是为我打工,销售业绩是别人的三倍,那你什么时候想来就来,待多久都可以。我不知道你在做什么,也不想知道,只要你不做违法的、不道德的事情,我就不在乎。我只希望你继续做下去。你可以告诉我怎么帮助你完成优秀的销售业绩,或者直接让我走开!

如果你只是勉强能完成销售任务,那么你的屁股最好早早地坐在椅子上,忙得顾不上吃午饭,每天都应该出现在我面前,这样至少让我觉得你在努力。你应该让我知道你正在进行的每一个步骤,因为你的业绩告诉我,你没做多少像样的工作。你对我来讲是个问题,我要监督你的所有行为,因为你不是公司骨干。对待下属,我的确有偏有向,这奇怪吗?

基于你取得的成绩，老板对你的态度自然不同。我说过任何人都没有理由懒散，但是你可以通过努力，争取懒散的特权。换句话说，只要你的业绩好，就可以懒散。

但是，这个道理在团队里行不通。在团队里，所有人要为结果负责，团队成员受到同等的待遇，无论贡献大小。这样做难免有人在团队里滥竽充数，也不会比别人得到的少。这多无聊！多没效率！多么愚蠢啊！

警惕“一团和气”的团队合作者

经常听到有人说自己是“集体中的一员”。他们总是宣扬，只要把工作做好，并不在意受不受表扬，或者谁受到表扬。他们的脸上总是挂着微笑，说自己能够跟任何人友好相处。大家都希望遇到这样的人，第一眼看上去，他们几乎拥有所有值得赞美的优点。可是，听上去不错的事情实际上非常糟糕，这是为什么？

实际上，认为谁受表扬都无所谓的人从来都没有获得过表扬，因为他们所付出的还没出色到值得赞扬的程度。一旦表现出色值得别人赞扬，你绝不会说这不重要。其实，这一直很重要。

说自己可以和任何人友好相处的人，只不过是给自己披上“道德品质优秀”的外衣而已。如果你可以和任何人相处，人人都喜欢你，说明你没有自己的立场。一个坚持自己立场的人不会为了让别人喜欢自己而妥协。什么样的人能和任何人友好相处？就是那些看不到别人的愚蠢、乐意容忍别人愚蠢的人。对同事做的事满不在乎的人是不可能好好工作的，我也不想让这样的人出现在我的团队里。我想要那些坚持自己信仰、愿意为之奋斗，不妥协、不能容忍自己或他人平庸的人。

不要误会我，每个人都必须学会和他人相处，这样才能够完成工作——完成工作是最重要的。但是与他人一起努力完成任务和表现出一团和气是不一样的。

拉里对于团队合作的简短总结：

■ 团队协作不奏效，因为团队里有人没好好工作。

■ 我们应该建立由公司骨干组成的精英小组，发挥每个人的能力，而不是一团和气的团队。

■ 公司骨干不想跟别人分享聚光灯，也不要强迫他们这么做。

■ 公司骨干乐意跟其他骨干合作，实现共同的工作目标。

■ 老板对你的态度基于你业绩的好坏，业绩好就可以懒散一些。

■ 只要销售业绩好，就可以掩盖很多过程中的过错。

■ 小心一团和气的团队合作者。

第 13 章

树立为别人服务的理念

这个星球上的每个人都要做一件事,唯一的一件事,那就是为他人服务。你为别人服务得越多,得到的回报就越多。

我们该讲什么了?是的,还是那个老生常谈的话题——客户服务。

我们为什么还在讨论这件事?

为什么?我都听腻了,说腻了。讲座天天讲,培训师经常培训,商业作家也写,公司不断承诺,员工也假装在做。每天,这个主题在世界范围内都讨论滥了,但似乎没有任何效果,你和我得到的服务还是那么差。让我说明一点,客户服务没有那么难。实际上,这件事太简单了,再谈论这个问题似乎有点愚蠢。

你需要做的是,承诺要做什么就做什么,答应什么时间做就在那个时间做,打算用什么方式做就怎么做,就是这样。

我的要求高吗?

如果你向我承诺了，就遵守承诺。如果你说了这句话，就不要食言。如果你说会到那儿，就要到那儿——你说什么时间到就什么时间到。如果你没有做到，就承认错误，接受后果。如果我掏钱买你的产品或服务了，至少对我感激一点，客气一点。

这么做很难吗？嗯，一定很难，因为很少有人做到。实际上，很多公司的信念是：你不高兴，我才会开心！

问题是什么，拉里？

漠然。我们都习惯了差劲的服务，对差劲的服务习以为常了。很多人逆来顺受，不愿意去投诉。我们知道如果投诉，结果可能会更差，我们向谁投诉或者投诉某个人，他们也许完全不理会，甚至当面嘲笑我们。我们花了 35 美元却吃到了糟糕的牛排，因为我们怕如果退回去，侍者会在第二块牛排上吐吐沫。我们躲避对抗，因为害怕与那些并不关心我们想法的人打交道的挫败感。

解决办法是什么？

还记得电影《网络》吗？因为一句著名的台词“我要发疯了！我再也无法忍受了！”彼得·芬奇获得了奥斯卡大奖(尽管他已经去世了)。这就是解决的办法——拒绝接受，不再忍耐！

我拒绝接受差劲的服务。我不允许任何员工或者企业对我撒谎。我不允许你对我粗鲁。除非你靠努力赢得，否则休想拿到我的钱。我会提醒你做出的承诺、你做的广告、你跟我的约定，我希望你做到。我会成为你最可怕的梦魇。我会让你因为今天对我撒谎而后悔。我会让你因为没有兑现诺言而悔恨。我会斥责你，直到你真的为搞砸了订单而感到抱歉，而不只是口头上说抱歉。

购买时请谨慎挑选，售出后概不退换？我不敢苟同

购物时，我们经常听到“购买时请谨慎挑选，售出后概不退换”这句话。我们允许公司欺负顾客，对我们撒谎，欺骗我们，对此全盘接受。我们耸耸肩，翻翻眼皮，在潜意识里告诉自己“要仔细挑选，否则退不掉的”。这一切该停止了！有人向你提供了差劲的服务，就要大声说出来，告诉所有人别从这家公司买东西。我们应该开始以“售出商品后可无条件退换”作为做生意的信条了。

你对我不好，就要承担态度恶劣的后果，我会告诉每个人你提供的究竟是什么样的服务！

投诉有用吗？

很可能没用，至少刚开始没用。但是如果这么做的不只我一个人,那就有效。不管怎样,我的投诉会让公司或者员工在接待下一位顾客时更谨慎。我的做法不会改变我的经历,却会让下一位顾客的感觉好一点。如果很多、很多、很多的人都投诉,他们的服务会改善——最终会的。

但我可以向你保证,如果我们微笑,咬咬牙,忍着,服务不会有任何改善。

请记住这一点,不必表现得像个混蛋,骂骂咧咧,蛮横无理。你没有任何理由在个人层面上轻视别人,况且骂人、大喊只会让你失去说服力,投诉的时候你不希望放弃权利吧?

你应该坚定而礼貌地向员工或者企业指出, 他们的服务的确很差劲,以及为什么差劲。为他们的服务买单就给了你申诉的权利。就像有一次,我对邮递员说,她几乎每天都把我要送出的信件落下。她告诉我说她的工作只管送信,不管取信。我把我买的优先邮寄信封指给她看,每个几乎要花 4 美元,上面还印着“邮政服务”的字样,收了钱就该提供一些服务吧!我对我的邮递员说,我希望你双向递送我的信件——送信,同时也寄信。她还要跟我纠缠,我就做出了又一件正确的事情——给她的老板打电话。

有时候,你需要毫不犹豫地向上一级的人提意见。如果仅仅向为你提供劣质服务的人抱怨,而那个人却满不在乎的话,简直是浪费口舌。抓住一个拿最低工资的小职员不放,跟他讨论公司政策没什么效果。不如向上一级申诉，直到你获得满意的答复。

记住，每个人都有老板。如果对得到的答复不满意，坚持下去，向上一级投诉，直到满意为止。直到你说了算为止，否则要不停地向上投诉。

你还应该把申诉写在纸上，记下具体的时间、地点、名称、发票号和收据——一切可能提供的证据，这样会让你的申诉更有力度。

小心！如果你投诉，可能会得到混蛋的名声。相信我，我有过类似的经历。我就曾获得过这样的名声，似乎不太公平。我让别人遵守诺言，做他们承诺要做的事情，准时赴约。他们没有这么做，我指出来了，就被认为是个混蛋，这令我不解。但是我乐意接受这样的称号。事实上，我很高兴有这个称号，因为对受到欺负说“不”而出名有什么不好吗？

“欺负？是不是太严重了？”

我觉得这就是欺负。让一家公司、饭店、酒店、航空公司或者里面的小职员骑在你的脖子上，把你和你付的钱当做利用的对象，这就是欺负。我不支持这么做。我付钱给别人，就不允许他们欺负我，利用我，不好好对待我，居高临下地对我说话，迟到或者态度粗鲁。如果我这么做被称作混蛋的话，我愿意被贴上这样的标签。

被投诉的公司，请听好！

对于最终能听到为数不多的人向你投诉的公司，你们应该说一句“谢谢！”没错，对花时间指出你的公司有问题的人应该感激，然后承认你错了。是的，应该马上承认错误，承认你把事情搞砸了。不要踢皮球，要立即承认错误，不要责怪其他的员工或部门。我不想知道究竟错在哪儿，我只想有人道歉，负责任，解决问题。所以，告诉我你错了，尽最大努力使我高兴。如果你做到了，很可能我会成为你的好朋友，而不是你可怕的噩梦。

你觉得有问题吗？如果有，让我提醒你一句，你是为我工作的，很不好意思，但这是事实。我付钱，我给公司带来收入，你给公司带来支出——很多雇员不懂这个道理。

我的钱让你的公司经营下去，给你发工资，所以请对我好点。跟我讲实话，说几点到就几点到；对我微笑，说谢谢；对我有礼貌，甚至对我拍点马屁，就像你跟公司老总说话时一样。记住，你需要我。不管你喜不喜欢这样，喜不喜欢我，你们公司需要我和我的钱，非常需要。

没有哪个客户总能忍受劣质的服务，没人会继续和对自己不好的企业打交道，还付钱给这家公司。

收敛一点吧。即使是世界一流、最最独特的产品，卖的价钱几乎像白给的一样低，但是服务不好也不行。如果顾客相信自己能在这一过程中得到很好的服务，他们乐意花更多的钱。

一家公司提供的服务如何，通常能从该公司的财务状况上反映出来。所以对我好点，你继续受雇的可能性会提高。工作的稳定性与你提供的服务质量有很大关系。如果你没这么做，我就会尽全力让你没法继续待下去了。

> “只有一个老板，那就是顾客。上至公司总裁，下至员工，顾客可以通过把钱花到别的地方炒任何人的鱿鱼。”
>
> ——山姆·沃尔顿，沃尔玛的创始人

优质客户服务的关键是：一言为定！从事商业活动就要做出承诺。你答应提供某种产品或服务，我同意付钱，双方就算做出承诺了。从那一刻起，你要为我提供服务，也就是说，要好好对待我，遵守诺言，在权限范围尽可能地让我高兴，这就是承诺，一言既出，驷马难追。不喜欢？做不到？那就别干了，准备走人吧！

乳酪蛋糕——不要百事可乐！

我喜欢乳酪蛋糕，我知道最好的乳酪蛋糕顶上有奶油，肉里有炸过的洋葱。我知道它们对健康不利，但是我不在乎。在我看来，我很可能会为手里香香的、漂亮的乳酪蛋糕而付出生命。

一天，我开车来到一家音速汽车餐厅连锁店，摇下车窗，点击按钮，点了想要的乳酪蛋糕。那天，他们推出一种特惠商品，是一种黑色塑料瓶，上面印满了粉色的文字，瓶子里伸出一只深粉色的吸管。你只需比买大瓶饮料多花 35 美分，就可以拥有那个瓶子。我立即决定买一瓶。我喜欢冲动购物，那个东西在召唤我。这时，我注意到一个问题，那个黑色塑料瓶是百事可乐搞的促销。我不喜欢百事可乐。对不起，百事公司，我喜欢你们的其他产品，但是我是个彻头彻尾的可口可乐迷。这个瓶子的标志很清楚地表明，它是百事可乐的促销产品，里面装的一定是百事可乐。

我不得不作出选择，想要黑色塑料瓶，就必须吞下一瓶百事可乐。我决定就这么干！于是我按下按钮，告诉那一端的服务员我想要那瓶饮料。他问："先生，瓶子里你想放什么饮料？"这是个很有趣的问题。标签上明明写着是百事可乐公司的促销品,那么里面装的应该只有百事可乐啊!所以我对他说:“你的意思是我可以选择?”他说:“先生,这是美国,你总有权利选择!”我说:“那给我一瓶胡椒博士吧。”

10秒钟的对话让我学会了很多关于客户服务的东西,比我在书本上读到的、讲座上听到的和培训课上学到的都要多。一句简单的提醒,“你总有权利选择”告诉我们优质服务的真谛!

我的选择就是把钱花在值得花的地方，那也应该是你的选择。

很遗憾,没有多少客户服务做得这样好。现在的客户服务太差劲了,走进餐馆,如果食物能送上来,我就高兴得不得了了。

客户服务很差,这是众所周知的。但是除了员工的服务态度,还有更可气的,有时候有的规定毫无道理。公司制定的规定如此荒唐，会让你觉得公司的决策者制定这些政策的时候脑子进水了。

我希望事情有道理!

一天晚上10点钟,我在得克萨斯的一家大酒店的前台登记入住。我不想直接告诉你这家酒店的名字,但是它的名字是关于两棵树。也许你还是没想起来，我再提示你一下，这家酒店会给每位客人赠送一块巧克力饼干。

我在前台办理入住手续，旁边还有一名服务员为另一位顾客办理入住手续。前台服务员递给我饼干，我闻了闻，微笑了，迫不及待地想进屋吃掉它。旁边的服务员递给另一位顾客饼干时，他拒绝了，说自己不爱吃巧克力。我立刻开口说我想要那块饼干。那个服务员对我说她不能给，因为每位顾客只能得到一块。我说："可是他不想要啊。"她解释说她不能给我，因为那一块本来是留给另一位顾客的，而饼干是按照房间分配的。我问，难道饼干真的按照房间分配吗？我是在开玩笑，而她却认为我很无礼。我碰到很多类似的情况。那个顾客开口说："好吧，给我我的那块，我再给他不就行了。"那个服务员却说太晚了，你已经拒绝接受那块饼干了。

听了这样的故事你是不是感到很沮丧？这种事情对我来说简直是毫无道理。你一定有过类似的经历吧？我敢肯定你有过。你一定曾经站在一群员工面前，摇着头，不敢相信还有这么愚蠢的事情发生。不同的是，我把自己的经历写成书讲给读者，在演讲时讲给听众，我让我的不满尽人皆知，希望可以让下一位顾客别再遭遇和我同样的经历。

饼干故事最可悲的地方在于，没拿到那块巧克力饼干的事已经过去 10 年了，对此我仍然很生气。好吧，我承认到现在也该让这件事情过去了。但问题是,我仍然清楚地记得这件事的每一个细节。我每次到这家“两棵树”酒店入住的时候都会想起这件事。另外,成千上万的人知道了这个故事,下次他们入住“两棵树”酒店的时候也许也会想起这件事。这家连锁酒店为了一块巧克力饼干,让我到处讲这个故事真的值吗?对此我表示十分怀疑。

有人反驳说,你无法控制员工每时每刻的行为。没错,你没办法知道每一位员工都会做什么,说什么。但是在我的故事里,前台服务员在让顾客对“两棵树”酒店产生什么感受上做出了选择,她是按照公司规定和程序,而不是按照常理办事的。公司完全可以教育员工提高顾全大局的意识。

很多公司不教育员工顾全大局,不考虑员工的行为会造成的长远影响。酒店职员不知道她正在拒绝的是一位每年在成千上万人面前演讲的职业演说家,而且这个人还会把这段经历写成书,让更多的人看到。她没想到我在10年之后会把这个故事写在书里。如果她知道的话,我怀疑她会改变她的做法。她没有顾全大局,没有接受过“做事情要讲常理”的培训,只得到了要按规矩办事的培训。

今天,仍然有太多的企业在做着毫无道理的事情,他们会激怒顾客,从而让员工成为顾客投诉的攻击对象,这么做简直是太愚蠢了。

我遇到的几件事

我喜欢这样的故事，下面再讲几个：

装饰工程部赢了，客户丢了

在演讲时，我通常会签名售书，我也卖 DVD、CD、T 恤衫和其他东西。最近我在拉斯维加斯讲演时，要把一箱箱的书和其他东西运到舞厅。酒店服务员告诉我，他们无权进入舞厅，因为那里属于装饰工程部的管辖区域，他们无法进去把一箱箱的书摆到桌子上。对此我表示怀疑。我问该怎么做，服务员说他们会把东西放在门口，我自己再搬进去，这是唯一的选择。我问，让客人自己拿行李是不是酒店的规定？他说，他们也没有办法，这是装饰工程部的规定。没办法，我的经理和我一起把箱子抬进舞厅。这个酒店因为装饰工程部的规定，不为我这个顾客服务。酒店遭受损失，服务员也跟着遭受损失，因为他们本来可以帮我把箱子抬到桌子上，得到更多的小费，而我也很痛苦。但是装饰工程部认为他们赢了。这说得通吗？

突然成了恐怖分子

我从凤凰城坐飞机到坦帕，需要在达拉斯换机。刚刚坐上飞机，就有人为我送上早餐。乘务员给了我一把塑料刀子，可以把干乳酪抹在硬面包圈上。我决定留着这把小刀，在到达坦帕后，可以用它打开那些寄送到的书箱。于是，为了安全起见，我把它放在夹克里面的兜里。在达拉斯机场，安检人员把我叫出来要进行仔细检查，可能因为我脸上的表情在说——“我想蒙混过关”。实际上，我真想把自己的名字改成“随机”，因为每次宣布要随机检查的时候，保准有我。接受检查的时候，他们发现了我放在口袋里的塑料小刀。他们带来了机场警察，因为我企图在飞机上携带刀子——刚刚坐飞机的时候给我的那把。我指出事情的荒谬之处，提醒他们飞机上也会提供餐饮服务，他们也许会再给我一把一样的刀子。他们还是警告了我，拿走了塑料刀子。这件事让我很困惑。没有道理呀！

划算的毛巾

我有一个习惯，入住任何酒店时都要检查一下房间。另外，我喜欢好毛巾，所以我总是走进浴室，看看毛巾。

一天，我入住到一家酒店，走进房间，抓起遥控器，上面有58个按钮，我想我可以在这里住得很舒服了。然后我走进浴室，却看到一个小牌子，上面写着“不要偷毛巾，拿走一条毛巾罚款5美元”。我从来没想过偷毛巾，但是此时，我却动了偷的念头。我从架子上拿下一条毛巾，真是块不错的毛巾！比我自己用的档次都高,又大又厚,上面的绒毛软软的。一条才 5 美元!我以前在商店里看到过差不多的,至少 20 美元一条。于是,我留了一张字条,写上:“我要拿四条,扣我 20 美元吧! 谢谢! ”

这个故事不错吧?我在演讲里也经常提到这个故事。人们都很喜欢,因为这件事反映了提示顾客有时候多么可笑,有些事情真的没有道理。以前,在提到这个故事时,我都会说出这个酒店的名字:得克萨斯州达拉斯的哈维酒店。有一次,我在旧金山演讲时,有个人听到这个故事后,给他姐姐打电话,复述了整个故事。他的姐姐恰巧是达拉斯哈维酒店的经理。之后,她主动给我打电话,告诉我她听说了我在酒店有过不愉快的经历,她告诉我会尽可能让我满意,最好不要在演讲里再说关于他们酒店的坏话。我笑了,说我在酒店过得很愉快,因为可以买到很划算的毛巾。我给她讲了整个故事,就跟我在演讲中说的一样。她笑了,明白了我对于那个提示牌的看法,说他们当然不愿意所有客人仅仅花 5 美元就买到毛巾, 所以会更换提示牌。这个故事太好了,我不忍心放弃,但是我不会再帮他们推销毛巾了,演讲时我也会省去酒店的名字。几天之后,我收到一个礼盒,里面装着 4 条崭新的哈维酒店的毛巾。

是什么让毛巾的故事与其他故事有所不同呢?首先,有人花时间来找问题;第二,她主动听我说话,愿意顾全大局,采取行动改正错误;第三,对于整个事情的处理,她态度幽默;第四，她给我寄了盒毛巾，表达了更多歉意，也是提醒我哈维酒店重视做正确的事情，为了让客户高兴，还可以做更多的事。

我最喜欢的关于客户服务的小故事

一天，我在一家大商场溜达，忽然想起来需要买些电池。我看到商场里有一家卖电池的店，于是就朝那里走去。我不想提及这家店的名字，但是可以告诉你他们原先只卖收音机，是从一家小店起家的。

我从架子上拿下电池，连同现金一起放到柜台上。柜台另一端的售货员看了看我，说："我能记下你的姓名、地址和电话吗？"你遇到过类似情况吗？肯定遇到过。我说："不行。"——想在生活中找到乐趣吗？开始学会说"不"吧。只要你客气地拒绝，商家也拿你没办法。

售货员对我说："先生，我必须要知道你的姓名、电话和住址才能卖给你电池。"我问为什么。他说了我最不愿意听的那句话："先生，这是我们的规定。"我告诉他我也有"顾客规定"，我的规定就是，买几个价值1.79美元的电池，付现金，不告诉他我是谁。

这时，他把电池放回柜台，说不能卖给我电池。我问他经理在不在。他往后面走去，带回来一个人。

那个经理走近柜台，问，"先生，你有什么问题？"

我告诉他我没有任何问题。他有电池，我有钱，我想要电池，他想要钱，在美国我们管这个叫做交易。他说："你必须告诉我你的名字、住址和电话，不然我们不会卖给你电池。"我告诉他绝不可能。我知道公司有规定，但是我作为一名顾客也有自己的准则。另外，我想让他，一个经理，解释一下为什么用现金买东西还要提供个人信息，有必要吗？他说了另一句我不喜欢听的话："我们从来都是这样做的！"

我告诉他有好消息送给他：今天，他终于看到不同的做法了。

之后，他对我说："我们没法卖给你。"说完就转身离开了。我说："听着，你是经理，我是顾客，你应该想点办法让我买到我想要的东西。我还想买，所以别走开，至少再想想办法。"

他停了下来，想了想，转身走到电脑前，开始打字。一分钟之后，他接过我的钱，找了零钱，把电池连同从电脑里打出来的收据放在一个小袋子里，对我说："好了，我想出办法了！"

我问他是什么办法，原来他把自己的名字、地址和电话打在了收据上。这也算不上什么好办法吧？几分钟前，他迎来了一位不速之客；几分钟之后，这位不速之客却知道了他的姓名、地址和电话。

可笑吧？同时，我觉得也挺可悲的。

这个故事是我最爱举的例子，我曾在讲台上给数百万人讲过。如果算上我卖出的录音带、录像带、CD、DVD,那就又多了几百万人。人们喜欢这个故事,因为他们也在那个商店跟我有同样的遭遇。

我讲这个故事已经有12年了,突然有一天,我在办公室接到一个电话,是那个公司的经理打来的。他对我说:"知道我为什么给你打电话吗?"我的回答是:"实际上,我有个很好的主意,可以帮你解决问题。"

他告诉我说,刚开始时,公司规定要搜集顾客的姓名、地址和电话,但是这个规定也是顾客投诉最多的。他继续说,想放一放我的录像带,这样他们总经理就会听到我讲的故事。我告诉他,可以一直播放这个录像带,直到老板同意改变。他告诉我说他们不得不改变,因为我给太多人讲过这个故事了。

结果,从几年前开始,他们不再搜集顾客的姓名、地址和电话了,因为这样不能更好地服务顾客。

一个人的投诉能起作用吗?当然可以。遇到一件没有道理的事情,下决心不再忍耐。指出问题的人确实可以改变一些状况。

检查一下公司的规定和做法,看看它们是否符合常理。问问客户对于服务有什么感受。听一听员工的意见,是不是有更快、更便捷、更节约的方法来做事情。问问员工,什么令顾客最沮丧,彻底改变这些规定,以顾客为本。

如果确实做不到客户要求的事情，答复客户的时候一定要谨慎，小心诸如“这是公司规定或行业规定”之类的用语，不要再说“我们一直是这么做的”这样的话。

我在很多公司工作过，这些公司舍得投入上百万的资金做广告，吹嘘他们的产品有多好，价格有多低，服务有多好。但是我们常常忘记世界上最好的广告就是张着嘴微笑的满意顾客，而世界上最差的广告就是抿着嘴表示不满的顾客。

作为领导者，不要让员工过于局限于具体工作，而忘记了成立公司的目的。请提醒员工，我们每个人工作只为了一个共同的目标，那就是服务顾客。要知道，只有为顾客提供更好的服务，反过来我们自己才能得到更好的服务。这就是我们工作的目的——为顾客服务。

拉里，现在我对于道德已经混淆不清了。

“你一直在谈论谁对谁错，什么是道德。你说公司让你怎么做你就怎么做。但是你讲的音速汽车餐厅的故事里，那个本该给你百事可乐，却给了你胡椒博士的人又怎么解释呢？那不是违背职业道德吗？只是为了让你高兴，他就可以违反规定吗？”

“在那个电器小店的故事里，售货员应该记下你的名字、地址和电话，他是在做自己分内的工作。如果他没有获得这些信息，这不是错了吗？”

“在‘两棵树’酒店里，你确实不该再得到一块饼干。员工做了公司要求做的事情，他们又错在哪里呢？”

你说得对！我让这些员工处在遵守公司规定和为顾客着想的两难境地。对我来说，公司应该搞清楚什么是对公司最重要的，给员工一些自由空间，让他们能够在与客户接触时，做到这一点。为了给客户最好的服务，员工必须违背公司规定，这真的是件丢脸的事情！

拉里，你得到过优质的服务吗？

当然。实际上，我相信优质的服务总是会比劣质的服务多。但是，我和其他人一样，却总记不住好的服务——至少记不长，也很少谈论。当然，刚开始一两天，我会向周围人提起来，或者如果在哪儿得到了好的服务，我甚至介绍朋友过去。但是愉快的记忆总是很快逝去。这就是好的服务，我们都会忘记。但是劣质的服务却不是这样，我们都会记得很清楚，还会告诉每个认识的人。对于糟糕的服务我们永远不会忘记。对于向我们提供糟糕服务的人来说是不是个很好的教训呢？在你的职权范围内，尽力保证向我们提供最好的服务，这样顾客也就没什么可议论的了。

也有不好的客户

我一向是站在客户一边的。但有时你会遇到根本不值得好好对待的顾客。虽然他付给你钱，但你必须忍受责骂，这很不值。

如果客户对员工个人进行人身攻击，这样的客户不如不要。这跟“因为你做错事情，客户冲你发火了”完全不同。如果你犯了错误，客户有权利发火。他们甚至有权利大喊大叫，这取决于你对他们投诉的反应，但他们绝没有权利针对个人污言秽语。

有些客户就是很刻薄。停下来问问自己这笔买卖值得做吗？如果值得，就忍气吞声，忍受他的刻薄；如果不值得，那就赶紧离开，不要回头。

有些客人会跟你无休止地讨价还价。他们不在乎人情关系或者优质服务，他们只想得到最低的价格。他们用竞争对手来威胁你，用离开来威胁你。这样的客户值得争取吗？

这种情况下，我建议你跟客户好好谈谈，告诉他们你不会接受他们的条件，明确地告诉他们为什么。他们的反应会令你很吃惊，他们很可能根本没想过自己提出的条件如此过分。如果是这样，跟他们解释清楚，如果他们还想成交，再给他们一次机会。但是如果他们怒发冲冠，你只需告诉他们，另换一家吧。

拉里对于提供优质服务的简短总结：

■ 我们的生活只通过一件事情得到好的回报：为别人提供好的服务。

■ 不幸的是，劣质的服务成了家常便饭。

■ 找到合适的人，向他投诉劣质的服务。

■ 如果接到顾客投诉，承认是你的责任，道歉并且把问题解决好。

■ 公司政策和规定的制定至少要符合常理。

■ 一个顾客就能改变一家店的经营方式。

■ 只有当我们为别人提供优质的服务，别人也才会同样为我们提供好的服务。

第 14 章

没有销售，一切都是空谈

增加收入的最好办法

我知道的增加收入的最好办法是卖东西。我是销售员，一直都是，而且还打算做下去。从小到大我都在卖东西。上学之前，我就拉着一辆红色的小货车，装上土豆，挨家挨户地卖。我很擅长这个，我的口袋里总有钱。我们家不算很富裕，但是小时候我手里总是有点零花钱。什么能赚钱我就干什么。我去高速路上捡汽水瓶子，以每个2美分的价格卖掉。我修剪树木，每棵树可以赚到1.5美元。顺便说一句，一棵树1.5美元可不是什么好价格，这不是最好的生意，小树刚刚6英寸高的时候是不错，等树长到40英寸高就不划算了。我还卖棒棒糖、贺卡，还有《格利特》杂志——你还记得《格利特》杂志吗？

我的父母都从事零售业，我生长的环境里大都是靠卖东西为生的人。我祖父开设过流动马戏团，后来，他又买卖过猪和牛羊。从我刚刚会走路时就看到他跟人家讨价还价，询问销售情况，把挣到的钱存起来。

所以，我成为职业销售员也是很自然的事情。我在西南贝尔公司卖过电话，后来又开办我自己的公司。过去 17 年里，我去世界各地作演讲。演讲的同时，我卖书、磁带、录像带、DVD、CD、T 恤衫、咖啡杯、眼镜、微缩人像——各种可以推广我演讲的产品和让我有钱赚的东西。我干这些是行家。大多数演讲者都放一个小桌子，上面摆着几本书或几盘磁带。我出现的时候，好像在开摇滚演唱会。在专业演讲领域，我像是基斯乐队歌手基恩·西蒙斯，所有能放上我的名字和广告语的东西，我都会卖。

看到许多演讲界的人说他们从事演讲这一行，却从来没想过怎么赚钱，我很震惊。我认为演讲家首先要做的就是自我推销。我自己就是最大的产品，我本人就是最大的卖点。我的想法就是，我的产品必须要卖掉。无论我表现得有多好，我的演讲或者书有多么令人受益，我的这些产品一定要卖掉。对你来说也是一样。我不关心你有多优秀，产品质量有多么好，价格如何，竞争优势在哪儿，这些都不重要。最终，你的产品都卖掉了，这才是硬道理。

没人买？想想看，你正在看的每一部电影都是被成功地销售出去的。为什么乔治·克鲁尼会参加《大卫深夜秀》节目？不是他闲着没事愿意在电视上闲聊，他是为了宣传下一部新片。为什么许多书的作者要在《今天秀》和《早安美国》节目上做嘉宾？因为观众对他们的话感兴趣吗？对不起，不是！是因为出版商和作者想把他们的书卖给你。为什么高速路上有广告牌？是为了卖东西。这些都跟卖东西有关。这就是为什么30分钟的电视节目只有21分钟播放正片，因为电视台需要9分钟的广告时间，用来购买21分钟的电视节目。

你本人、你的产品都必须要卖掉。如果没人卖东西，没人买东西，公司的日子就维持不了多久。老话说的“酒香不怕巷子深”，在现在这个社会已经不适用了，没人会披荆斩棘主动上门来，尤其是在巷子深处！

好的销售VS.不好的销售

我是以销售培训师的身份进入演讲这一行的。我曾受雇于贝尔公司，编写销售培训手册。我知道该如何卖东西，所以成为销售培训师是很自然的事。

我参加过美国国家演讲协会的年会，其中一项活动是由全球最好的销售培训师作主题发言，这是我绝不会错过的部分，我会听他们讨论销售培训的未来。我还阅读所有我能找到的有关销售的书。从这些讨论、书籍中，我学到的是，大多数销售培训师都在谈论销售技巧。可是销售不仅仅是技巧的问题，还包括其他东西。

培训大师给出的销售技巧常常是："客户如果说'这个'，你就说'那个'。"知道问题出在哪了吗？客户如果不说"这个"，而你只会等着说"那个"，该怎么办？总之，多数销售培训都是在讲销售技巧。

我建议所有人抛弃销售技巧，学会销售最本质的原则。**这条原则就是，为顾客提供的服务好，你就卖得好。**

知道我对于客户服务的看法了吧。我相信卖给客户东西就是为客户服务。你如果有一款可以帮到顾客的产品，就一定会有市场。如果产品不能为客户提供真正的帮助，提供优质服务也就无从谈起了。

为什么你的销售业绩不佳

销售员卖不出去产品的主要原因是他们太糟糕了。电话打得不够多，不主动询问顾客，不知道如何说谢谢；他们不了解生产线，不了解其他竞争对手；他们不必为糟糕的销售业绩负责，总之，他们太差劲了。

如果你销售业绩低下，那是因为作为销售员，你根本不合格！

不要过度销售

你也许会说，怎么会销售过度呢？不是卖得越多越好吗？

尤其在我极力提倡不惜一切代价推销自己的时候。让我解释一下！

我习惯于在亚利桑那州斯科特斯德的一家洗车连锁店——丹尼之家洗车。他们价格优惠，服务也到家。我经常光顾那里，因为我坚信，车子的干净程度可以反映出车主是什么样的人。因此，我希望我的车子从里到外都是干净的。把车一开到丹尼之家，一组人就会出来为你的车吸尘，问你是不是需要加油、换机油、打蜡，然后他们会派一名员工检查车子。他会指出挡风玻璃上有个小裂纹，很愉快地让你花点钱修修；他会看看脚垫，建议你用香波洗，当然也要花钱；他还会帮你检查轮胎磨损程度，挡泥板上的焦油——不管什么都会检查。我很欣赏这一点，但是过度热情的员工让人感觉有些过分了——过分到令我讨厌的程度。我最近一次去洗我妻子的车，一名员工走过来对我说："嗨，这辆车需要打蜡了！"我说："真的吗？这辆车从来没洗过，只跑了200英里，怎么会需要打蜡呢？"他很尴尬，他也应该觉得尴尬。他过度推销了，推出了我显然不需要的服务。

哪儿出了问题？他破坏了我对他的信任。我不再觉得自己得到了很好的服务，而是觉得自己受骗了。**我相信人们喜欢买东西，但不喜欢被骗钱。**很遗憾，因为有些糟糕的销售不懂得这两者之间的差别，模糊了这条分界线。

要有礼貌、有策略地卖东西,不要强迫别人。面对顾客时,感觉敏锐一些,该退后的时候退后,在你觉得合适的时机再推销产品。用脑子、耳朵,用心去服务你的客户,谦恭有礼地卖东西。

人们买东西有自己的理由

人们有需要的时候就会掏钱买东西，不需要的时候就不买。他们购买的理由一定不是因为你必须把东西卖出去。没有顾客关心销售人员多么急于卖出商品，所以你要给他们一个购买的理由。有时候理由不一定很充分,许多顾客只是要求一个购买的积极信号——你的任务就是给他们买东西提供一个理由,一个积极的信号。

很多年前,我听说过人们不买东西有五个原因,这五个原因分别是:不需要,不着急,没有钱,不想买,不信任。我真希望能找到这句话的出处,好赞美一下说这话的人。这 5 个原因跟随我很多年了,让我做成了很多次成功的生意。

一旦理解了这 5 个原因，你会发现人们不买东西的理由对你很有用处。

不需要。这个实际上没什么。人们几乎不会买不需要的东西。如果他们真的需要,即使没有你的帮助也会买,你不必参与销售过程。

不着急。客户需要，想要，但是并不着急买到产品，这是个挑战。你必须制造一种紧迫的感觉，告诉他现在而不是以后作决定的好处，向他证明等待是个糟糕的主意。如果这一切都不奏效，问问他为什么推迟买他确实需要、也想要的东西，反正最终都要买的。你也许会发现他有他的理由。

没有钱。这个原因只能阻止少部分人买东西。人们总会买他们不需要的，仅仅是因为他们想买。钱的事几乎不成问题：破产，没关系；不良信用记录，没关系；没工作，也没问题；太笨或者太懒，不愿意去付账，也没关系——没钱对大多数人来说不成问题。实际上，人们嘴上总说没钱，其实他们有，只是不想让你知道。记住，如果人们真的很想买什么东西，他们会赶紧买，会四处筹钱买的。关键是弄清楚他们为什么不买。

不想买。如果人们真的想买什么，他们会四处寻找这件东西。他们会为此痴迷、失眠，甚至通过撒谎、欺骗、偷盗等手段来得到。作为销售员，你该做什么？让人们想得到你卖的东西吧！让他们为之痴迷——让他们闻一闻、品尝一下，让他们做梦都梦到，为它失眠。让他们十分渴望这东西，让它占据他们的全部思想。然后就走开，等着他们给你写支票吧！他们会买的，除非他们不相信你！

不信任。如果人们不信任你，那就算了吧。人们不会把钱交给不信任的人。如果看上去太油嘴滑舌，你一定拿不到他们的钱。遇到了一个语速过快的人，他们可能也不会掏钱。信誉不好？干脆到别的地方买好了，谢谢！知道了吧，要做一个别人可以信任的人。

在写下这段文字的时候，我正在等一个销售上门，我准备买一套定制的木门。我们约在上午 11 点见面，现在已经下午两点多了，他还没有出现，也没有打电话解释迟到的原因。我刚刚给他的手机语音信箱留言，告诉他不用来了。如果销售员无法按时赴约，至少应该提前打电话告诉对方。这种不负责任的行为让我没办法信任他。信任没有了，我会转而去买别人家的东西，明白了吧？

销售其实很简单！

看起来很成功

人们都喜欢从成功的销售员那里买东西，这很容易理解。又由于人们喜欢通过表象来获取信息，形成观点，所以看起来很成功是非常必要的。办公室的装饰、穿的衣服、公文包的款式还有汽车的牌子、新旧程度都能表明你的销售业绩是否成功。我知道这些可以伪装，但是不会长久。

一个销售员驾驶着一辆又破又旧的车，穿着过时、瘦小的衣服，鞋跟严重磨损，我想没有人愿意从他那里买东西。这一切都说明他干得不好，也就表明他不是成功的销售员，也就意味着我们不想从他那里买东西。

精心打扮，衣着得体；尽你所能，开最好的车——别忘了把车洗干净！

对人友好

人们喜欢从周围熟悉的人那里买东西，所以你要做这样的人。听上去很简单，不是吗？但事实上，大多数人表现得不够友好，让人无法亲近。当然，过分友好也不可取。如果你不是我最好的朋友，就不要装出我们很熟的样子。除非我主动伸手跟你握手，不要碰我，不要表现得咄咄逼人。未经允许，不要闯入我的私人空间。销售员应该表现出专业、礼貌、尊敬和友好的态度。

学会询问

《圣经》里有一句话："如果你没有得到，是因为你没有要求得到。"这句话说得太对了。你卖得不够多，是因为你没有提出足够多的要求。

询问！询问！再询问！再询问！如果有人询问他们是否愿意购买，很多人还是非常乐意买的。只要张口问，人们会告诉你几乎所有你想知道的,所以要学会问问题。

想想每天多问一个人是否有意愿购买,会带来什么效果?按照一年 220 个工作日计算,每年就多了 220 个潜在客户。即使其中只有 10%的人购买,你每年就多了 22 笔交易。对于你来说,意味着多收多少佣金啊!只是每天多问一个人,就能提高你的收入,这是多么简单的事情啊!

上前询问的结果是,他们可能同意,也可能拒绝,也可能是模棱两可的回答,但是主要是“行”或者“不行”这两个结果。如果他们同意买,那就赶紧记账收钱;如果他们拒绝,这也是大多数人害怕的结果,请记住,询问客户是否愿意购买不会要你的命。即使顾客拒绝了,你也不会因此而死掉,所以大胆走上前去,开始询问吧!

向顾客多提问,向老板多提问,向员工多提问。但是在问任何人之前,先向自己多提问。

了解人们的需要

了解人们的需要,给他们想要的东西。了解他们不需要什么,千万别硬塞给对方。还有比这更简单的事情吗?这绝对是销售商品的秘诀——找到人们想要的东西,再卖给他们。问题是我们不总是知道他们需要什么。该怎么办呢?——努力寻找答案。

怎样才能知道人们需要什么？答案还是要多问。

要善于观察

观察顾客的消费习惯。注意人们都买些什么，怎么买，什么时候买。观察你的竞争对手，看其他销售员是怎么卖东西的。不要照搬别人的做法，但是你可以从他们的成功和失败中学到东西。

> "我们习惯做看客——我们看电视，看表，看高速公路上的交通状况——但是很少有人做观察者。每个人都在看，但是没有多少人真正看见。"
>
> ——彼得.M.赖斯查科，《野火中的历练》作者

要善于倾听

对大多数人来说，做到认真倾听是个难题。事实上，这几乎是不可能做到的事情。通常情况下，顾客会告诉你许多想法——对于你、产品、公司还有竞争对手的看法。仔细倾听，因为你漏掉的信息可能很重要。

遗憾的是，多数人都是糟糕的听众，认为倾听是一段等着其他人闭嘴、自己好开口的时间。不对！倾听别人说话要集中注意力。许多人除非遇到自己想听的内容，否则不会认真听。

试想一下,你在饭馆吃过早饭后,在收银台买单时,收银员突然问你:"早饭吃得怎么样啊?"告诉她吧,但是相信我,她一定不会关心你的鸡蛋熟没熟,或是土豆煎饼简直就像干草一样难吃。她也不想听你说咖啡一直没人续杯,花了10分钟才拿到账单。她期望得到的答案是前面99.9%的客人会说的话:"不错!"

倾听已经成了快要消失的艺术。也许是因为我们都觉得自己怎么说才是最重要的,所以我们不关心其他人说的话。不是我们不会听,或者不知道怎么听,而是不关心,我们选择不听。

要善于交流

> "你必须依靠交流让生活更加生动有趣。"
>
> ——卡维特·罗伯特,美国国家演讲者协会创始人

关于这点,你一定要小心。许多销售员先递上名片,解释他们是做什么的,由此开始一段谈话。这种行为很令我不快。我不想每次与陌生人的邂逅,最后都变成交易陷阱,自己像是被困在一个商品展销会里。

销售员关系网

大约50%的销售员的生死存亡都依靠销售员关系网。销售员关系网通常只是一群向其他销售员兜售自己产品的销售员。很少有人能在那里交换到有价值的线索。我敢保证最顶尖的销售员不会浪费时间参加销售员关系网聚会，他们会花同样的时间留在客户身边。满意的客户会为你带来更好的名声、更多的生意。

我对于销售员关系网的评论有失公允？问一问关系网里的专业销售员，在业界排名都是多少？我敢打赌，没有几个人能在业绩上排名前1/4。再问问他们的平均工资，我打赌你想挣得一定比他们多很多。

所以，你还是需要更广泛的交流。下面是我的建议：积极参与各种活动，让别人认识你。参加慈善活动、红酒品尝会、艺术品展览、教堂礼拜，等等。要出现在人们周围，而不是拿着一叠名片到处散发。参加活动的时候，脑子里就不要抱着做生意的想法，只是去参加活动就行。做一个令人敬佩、可以依赖、值得信任、人们愿意和你在一起的人。有了这样的声誉，人们就会开始关注你是干什么的，你会惊奇地发现有许多的人想跟你做生意。用你的性格、个人魅力吸引别人，多好的主意啊！人们来找你，只是因为你本人，你所代表的东西，这才是交流的真谛！

别让顾客等，现在就卖掉

几年前，我走进亚利桑那州斯科特斯德的一家香烟店。那时我抽的是阿图罗·富恩特雪茄，市场上很难买到。走进这家店，发现架子上有两盒我喜欢的小雪茄时，我很惊奇。我抓起那盒已经拆开的雪茄和后面的一整包雪茄，高兴地一路小跑来到柜台结账。店主却告诉我只能买 4 支雪茄，因为他给这种稀有的雪茄定了个限额。我问他为什么要拒绝一个愿意把库存都买走的顾客。他说也许有其他人想买这种雪茄，他想确保有一些存货，好让他们开心。我说，也许不会有人再买这种雪茄，也就意味着他卖不出去。他说那没关系，反正早晚都会卖出去的。你觉得这像话吗？我觉得不像话。这个家伙居然为了让一个也许永远不会出现的客户开心，而让自己今天的收入减少，为了让自己未来的潜在客户高兴，却让站在自己柜台前、手里拿着钱要买东西的客户不高兴。

在我做演讲的大厅后面，我通常会卖诸如书、T 恤衫、DVD、CD 之类的物品。如果东西都卖光了，还有顾客拿着钱站在那里，我会收了他们的钱，承诺把产品邮寄到家里，运费由我来付。很多时候他们会说到网站上买。我不建议他们这么做。不鼓励他们这么做的原因之一就是在网站上产品定价高，而演讲当天在现场买更便宜。很多人不明白我为什么这么做。

客户都说了他们要买，在哪里买又有什么分别呢？而且在网站上卖赚钱更多。我强调当场就卖掉的原因是，人们买东西经常是凭一时冲动。他们刚刚听了我的演讲，他们喜欢我，想买我的东西。明天，这种热情就会减弱。他们忙于生活、上班、旅行、做生意，甚至没有时间到网上订货。我敢打赌，只有25%的人会真的上网订货。如果我在他们热情高涨的时候就收了他们的钱，我就拿到了所有订单，多付点邮费又算得了什么呢？值了！

人们买东西都是凭一时冲动，想要的时候，马上就要，那就马上卖给他们。永远不要让现在就能做成的生意溜走。现在就收钱——现在就拿下订单——现在就签合同——现在就交付使用。再说一遍，是今天，不是明天。

见识广博，消息灵通

如果你对产品不了解，不要跟客户争辩，这说明你要学的还很多，非常多。你永远不能停止对产品、公司、竞争对手，还有为人处世的学习。活到老，学到老。如果你的办公桌上没有5本书，你就没有保持进步。如果你没有读一些商业图书、小说和传记，或者一些轻松的用来消遣的东西，你就太落伍了，跟你说话一定很无聊。所以要读书，要参加研讨会，在车里听听收音机或CD。总之要见识广博，消息灵通。

为了卖出更多的商品，你还需要做些什么

诚实。每次都要诚实，无一例外，即使做到很难。而且，越是困难的时候越要诚实。如果产品没有某项功能，那就老实地告诉客户没有。不要拐弯抹角，不要撒谎掩盖事实，要承认事实。

迅速回电话。马上回，而不要找各种站不住脚的借口，把时间推后几天。

做记录。靠文字记录，而不是靠记忆来做事。这样做不仅使自己掌握更多的信息，如果客户知道你会做记录，他们也会为你提供更多、更有用的信息。他们想让你记录准确，你拿起笔的一瞬间他们就会为你提供更多更有用的信息。如果在打电话时，告诉对方你在做记录，也会达到同样的效果。

准时。因为某种原因人们才会见面，所以要守约。准时赴约，就像写支票就要付款一样，是一种承诺，所以不要爽约！

学会打电话的技巧。人们主要通过视觉收集信息，可遇到打电话的情况，你就要通过声音、语调变化和热情的语气来传递信息，所以打电话的时候要做出很好的回应。别人说话的时候让他知道你在认真听，至少不时发出点声音，让对方知道你在听。要掌握很好的打电话的技巧。帮别人转接时不要打断别人的话。如果你连转接电话都做不到，说明你不够聪明，我是不会从你那里买东西的。

比承诺做得更好。绝不要让客户说:“没有想象的好!”

跟踪客户。刚刚买了你的商品,使用感觉还不错的客户是最容易征服的,所以要乘胜追击,让他们继续购买。

闭嘴。知道什么时候闭嘴与知道什么时候开口一样重要。不要因为你有话要说就滔滔不绝,因为光说话做不成生意。把生意说跑了的概率,比说成了的概率要高得多。

学会握手。绝不要像死鱼似的握手,或者只握一下对方的手指头。握完之后不要不撒手,这样有可能会侵犯到别人。如果有人握着我的手,把我拉近了说话,我会感觉某个传教士想要拯救我的灵魂,同时把手伸进了我的钱包。你有没有过类似的经历?

顺便说一句,有些人不喜欢握手。握手需要遵循的原则是:如果别人主动伸出手来,你就伸出手去;如果别人没有伸手,不要勉强;如果你伸手了,对方没有,没关系——他们也许是害怕病菌。

百折不挠,重振旗鼓。你不可能总是成功,总有不好的事情发生。相信自己能卖掉的东西却卖不掉,唾手可得的生意却总是丢掉。是的,你暂时失败了,但是要鼓起勇气。你不需要把所有产品都卖掉。你只要卖出下一单就行了。所以继续干吧!

积累成功。不要做成一笔大买卖之后就躺在荣誉上睡大觉,做下一笔生意的最好时机就是你肾上腺素水平最高的时候，如果你感觉所向无敌，很可能就会所向披靡。

人们买东西都是有原因的

人们会因为某个原因跟你做生意。是的，唯一的原因。知道是什么原因吗？我也不知道。

答案很容易找到。很简单，你需要做的只是询问。是的，只是询问。只要说："凭我的经验，我知道人们买东西都是有原因的。能告诉我您决定买或者不买的原因是什么吗？"仔细分析他们的回答，对你可能很有用！

害怕提问？那就集中注意力，用心去观察、聆听，做我刚才讲过的一切。看看人们需要什么，就为他们准备什么。可能你还是不相信，不相信就这么简单！还是我曾经反复强调的，很少有人相信就这么简单。

想要证明？好，就拿你常去的干洗店为例。你为什么选择这家干洗店？是因为方便？便宜？还是因为那里的人友善？这些都是你选择这家干洗店而不是其他家的原因。如果这些都不是，估计你要换一家了。

这对于杂货店同样适用，对于你喜爱的餐馆也是一样，酒吧、健身房，一切的一切。提供一样别人需要的东西，他们就会跟你做生意。

因为那家银行有棒棒糖，我就去那里开户

在搬到亚利桑那州之前，我住在俄克拉荷马的塔尔萨。连续好几年，我都只去同一家银行，那是一家州立银行。想知道为什么吗？我不介意告诉你，是因为它为顾客提供免费的红色棒棒糖。没错，他们送我红色棒棒糖。这跟银行业务有关系吗？当然有！我是顾客，我说对的，就错不了！

一天，我带着两个儿子和两只狗去一家汽车银行。我的狗叫埃尔维斯和尼克松。

在我坐在汽车银行的对外柜台前办理业务时，弹出的抽屉里放着两块狗饼干。很可爱吧？我把一块给了埃尔维斯，另一块给了尼克松，这两只狗都很开心。一会儿，抽屉里又弹出两块棒棒糖。我把它们给了我的儿子泰勒和派特里克，我的儿子们也很开心。

我看了看银行柜员，脸上露出有话要说的表情。她问我："先生，你想要什么？"我说，我不想再要狗饼干了。抽屉里弹出了一个棒棒糖——绿色的！我不喜欢吃绿色的棒棒糖，所以我把它放回抽屉，退了回去。柜员问我有什么问题，我告诉她想要红色的（对于你们这些不了解棒棒糖的人来说，我要告诉你们红色是我喜欢的口味，这不只是颜色的问题）。于是，她送出了一个红色棒棒糖，我非常开心。

一周之后,我独自去那家汽车银行。我去了同一家网点,但是换了一个柜员,上次接待我的柜员在另一个窗口办公,她看见我,对给我办理业务的柜员说:“他喜欢红色棒棒糖。”所以我又拿到了红色棒棒糖。从此就形成了一种惯例,大家都知道我喜欢红色棒棒糖。每次我去那家银行,所有柜员都知道要送我红色的棒棒糖。

红色棒棒糖的事发生大约 6 个月后的一天，我晚上 6 点 05 分开车到这家银行。银行已经关门了,但是许多柜员还在。我向他们挥手,他们也向我点头微笑,挥手致意。我把车开到银行前面,门口有台自动取款机。我站在自动取款机前交易的时候,突然看到大门打开一个缝隙,里面伸出一只手,手里有一个红色棒棒糖。知道为什么我只去这一家银行了吧!

我妻子和我有各自的银行账户,她有她的,我有我的。有一天,她问我每个银行利率的事,我都不太清楚。利率多少无所谓,关键是他们有红色棒棒糖。我的儿子 18 岁之后,需要有自己的银行账户,我问他想到我的银行去开户,还是去妈妈的银行。他说:“去你的银行吧,在那儿能吃到棒棒糖!”这样,他们又多了一个客户,虽然不是优质客户,但是透支逾期的罚金估计他们能收不少。

在搬家之前,我与这家银行打了许多年交道,原因只有一个:他们送我红色棒棒糖。

拉里关于销售的简短总结：

■ 销售是有原则的，不能光靠技巧。

■ 销售就是为别人提供服务。

■ 人们不买东西有5个原因：不需要，不着急，没有钱，不想要和不信任。

■ 要卖出去更多的东西就必须：

■ 看起来很成功；对人友好；学会询问；善于观察；善于倾听；善于交流。

■ 还想销售更多产品，你必须：诚实；迅速回电话；做记录；准时赴约；学会打电话的技巧；跟踪客户；学会握手；百折不挠，重振旗鼓。

■ 人们买东西都有一个主要原因，向顾客询问这个原因是什么。

第 15 章

简短却不简单的训诫

有些训诫很简短,不需要一章甚至一段文字来表述。但这些训诫恰恰是最难做到的，常常要付出最昂贵的代价才能真正掌握。希望你能认真把它们记住。

做你知道正确的事情。不要欺骗自己,你通常知道什么是正确的做法。但是,正确的事情很少是容易做的。

人们常常撒谎来保护自己。

简历很少完全真实。

公司和个人都会承诺很多，却做不到完全实现承诺,这是生活的现实。了解这些可以节省你的时间和金钱,免得你失望。

任何事情都比你预先想的要花费多。

任何事情都比你预先想的要耗费更长的时间。

如果有人说,“我是个爱与人打交道的人”,也就是说他会花更多的时间交际而不是工作。

如果有人说,“我不喜欢与别人一起工作”,那就雇用他,给他一间办公室和一大堆的工作,然后,等着他把工作做完。

通过雇用比你聪明的人来证明你比任何人都聪明。

人都是自私的。明白这一点,然后尽最大努力去适应、利用它。

数数永远不会离开你的人,你会发现只有你自己。

绝不容忍平庸。

如果你总让别人破产,不要期望他让你富裕起来。

你越是成功，朋友就越少。

认真对待工作，但别把自己太当回事。

所有人都希望你成功，但是都不希望你比他们更成功。

如果有人说试试，我敢打赌他们不会。

知道什么是对的，却按错的去做，压力就产生了。

先完成，后完善。

如果你不愿意把钱花在刀刃上，你就不清楚自己在做什么。

没有什么事情是110%的。100%就是全部了——你不能给更多了——这也就是为什么叫做“全部”的原因。

对于你想说的话，人们通常不会注意。大多数人甚至不相信你要说的话。但是他们会非常关注你是不是相信自己所说的。

培训要花不少钱，但是雇用愚蠢的员工会让你付出更大代价。

激励是要靠自己的。

要守时。没有任何迟到的借口。

顾客手里有钱。给他们想要的东西，他们会跟你分享手里的钱。

看清数字，了解事实，然后再相信自己的胆量。

知识不是力量，把知识付诸实践才是力量。

绝大多数人都是责备他人之后，才会从自身找原因。

把差劲的员工挡在公司外面，时间和金钱不要花在与他们争斗上。

无论怎么挽留，公司的“超级明星”员工迟早会离开。

公司的发展不可能没有风险。

有时你会失败。当失败降临时,不要干蠢事。

世界上最好的广告是咧着嘴笑的满意的顾客，而最差的广告是抿着嘴表示不满的顾客。

不要为作出正确决定而犹豫不决。先作出决定,再尽力让这个决定正确。

期望得到什么,就为此去准备。天上不会掉馅饼,你需要努力使它实现。

你需要备选计划,除非你根本没有第二条路。在这种情况下,你无路可退。

无论遇到什么问题,你都要能成功地推销自己。

改变是必然的,但是发展是人们的选择。

如果你犯错了,承认错误,请求宽恕,然后回去踏实工作。

不要期望从一个坏人身上得到好处。

对一切抱有怀疑的态度。

有时候,你能做的最好的事情就是走开。

不是所有的问题都能解决掉。

信任一旦被破坏就永远不会完全恢复。

如果事情开始复杂起来了,停下来,重新整顿,再开始。成功就是这么简单。

顾客的忍耐力很差,记忆力却很好。

宁可付钱给好律师,也不要付薪水给差员工。

做生意和打高尔夫一样,不强调每一次都能打准,能够及时弥补前一杆的失误也是成功。

别指望他人明白你的想法,把事情描述得尽可能简单。

你告诉别人怎么对待你,别人就会怎么对待你。

在公开场合赞美,在私下批评。

如果你不尊敬别人,别指望别人尊敬你。

什么事情都要付出代价，包括成功和失败。选择一种结果,然后准备好付出代价。

我要再次重复一句,因为这件事很重要,值得重复:做正确的事情——不管是什么事,即使有时候这样做并不受欢迎,付出很多，让你很狼狈。如果你反复考虑做某件事是不是正确，十有八九这件事是不正确的。正确的事不需要太多的考虑,你总是知道什么是正确的,所以只管做就行了。

第 16 章

拉里的12条员工法则

1. 关注工作成绩，做一个执行力强的人。

2. 建立让自己感到自豪的口碑。

3. 在同事眼中，你是值得信任的：你能做到保守秘密，而不是散布流言蜚语；在任何情况下，都靠得住。

4. 说到就要做到，没有任何例外。

5. 要守时。在约定的时间到达约定的地点。

6. 不要自吹自擂。这样很让人讨厌，会让别人疏远你。

7. 不要抱怨。没人会理会，因为每个人都有自己的事要处理。

8. 能在同事之间培养出友情是额外的惊喜，不要对同事之间的关系抱有过多的期望甚至要求。

9. 不要容忍老板的欺负、不尊重、缺乏道德或者不正直。生命短暂，还有其他工作可以找。

10. 找出工作中最重要的一件事，确保做好。即使其他的事都没做到，也要保证做好这件事。

11.无论你的顾客被称为客户、病人、同事还是老板，都要好好为他们服务。你生活中得到的回报与你提供的服务直接相关。

12.记住你是为谁工作的。那个人有权决定你做什么，什么时候做，怎么做。

第 17 章

拉里的12条老板法则

1. 给每个员工设定远大的目标，清楚地表达这些期望，并随时监督目标的实施情况。

2. 要果断。先作决定，再设法使决定正确。

3. 不要总想着被别人喜欢。相反，要做到被别人尊敬。

4. 给员工优厚的待遇，绝不弄错他们的工资。

5. 不尊重他人是解雇员工的第一大理由。

6. 发现企业的独特之处，在为顾客服务的时候发挥出来。

7. 如果出现问题，在事态发展扩大之前解决掉。

8. 对生活技能有提高的人给予奖励,状态良好的人才能做好工作。

9. 交易一旦达成,就要对顾客信守承诺。

10. 需要开除员工时,就立即开除,不要等太久,也不要瞻前顾后。

11. 雇用员工的时候,记住有些人会说话但不会做事,嘴上功夫很好,却很难兑现。

12. 把事情简单化。如果觉得复杂了,就停下来,仔细斟酌一番,把事情简单化,再重新开始。

第 18 章

现在该怎么做?

事实上，这个问题我给不了你答案。

你已经读过了我的思想、观点，知道该如何做。我向你介绍了我是如何经营自己公司的，还有我的信条。从为顾客服务到销售，从领导力到团队合作，还有招聘人和解雇人——你现在都知道了！

要记住并做到这些其实都很简单，不要把它复杂化！

努力工作。

努力卖掉你的商品——它们不会自行卖掉。

服务好到让你的客户吃惊，这样他才愿意与你一次又一次做生意，向别人宣传你。

招聘员工时，要谨慎小心。

必要时果断地辞掉不合格的员工。

干一行，爱一行。但是最重要的是，

老板花钱要你做什么你就做什么。

结果说明一切,它们不会骗人。

真的就这些。

现在的问题是,这些内容真的对你有用吗?这个问题可把我难倒了。

也许有用,也许没用。也许对你完全适用,也许对你完全不适用。我很确定只有这两种结果。

无论是在生活上,还是工作上,如果你想做出任何成就,你就必须要尝试,不试试就不知道是否有效。

所以试一试吧！从这本书中,挑出一条我给出的建议,说说你的想法。是的,就选一条。不要想着放下这本书,就给你的公司来个大换血。这样太激进了,会让你一败涂地。不要贪多,只试其中一条。如果有效,就再试一条。如果条件允许,继续下去,再继续下去。

这是我对你提出的全部要求，我从不建议你做很难的事情。事实上,我在一开始就向你保证,这些东西都很简单。我希望读完之后,你认同这一点。

现在停下来,回顾一下这本书,挑出你喜欢的建议。然后,放下书开始行动。什么时候？今天就开始,不要等到明天。

致 谢

首先我要感谢那些曾经欺负过我的公司，他们榨取我的血汗，利用我。这些不幸的遭遇激发了我在作品中、演讲中的反抗！

很多员工认为从我这儿获得一份工作，是唯一为我做的事，感谢他们！

感谢我的“超级明星”员工。你们教会了我给你们扫清障碍，让你们做一些真正的工作。

特别要感谢那些在我犯错时指出我的错误，告诉我该如何更好地为他们服务的员工。感谢当我卖给他们东西时说“不”的那些顾客，因为通过拒绝我，给了我经验教训，让我知道下次该如何做得更好。

感谢通过书和演讲与我分享他们思想的作者和演讲者。你们提醒了我，给我鼓舞，帮助我清楚地知道什么有意义，什么没有意义。

我还要感谢我的妻子，罗斯·玛丽，她在适当的时候——大多数时候——管住了我。她就是我生活的交通灯，为了让我走上正确的道路做了很多工作。

感谢我的儿子泰勒和帕特里克，他们时刻提醒我自己是谁,避免我过分自信、趾高气扬。我还要感谢我十多年来的朋友、我的经理维克·奥斯廷,他帮我安排生活和工作,帮了我不少忙。从一开始,她就比其他任何人都了解我是谁,我该努力做什么才能过上更好的生活。

感谢我的编辑厄里·摩尔和副编辑杰西卡·辛德勒,他们鼓励我整理我的思路,完善了这本书。这对于我们任何人来说都不容易,因为他们的辛勤工作,最终我们胜利了。

感谢我的出版商比尔·辛克尔,他从一开始就"相中我",盯上我这个懂些商业知识、爱吹牛、争强好胜的人,想让我把我的思想写成书。

感谢我的文稿代理人,威廉姆·莫里斯代理处的杰伊·曼德尔,他非常信任我,在我身上投入很多时间,促成了这本书的出版。

感谢开普勒演讲者协会的会员们,他们支持我,鼓励我站在全世界的观众面前,宣传我关于成功的理论。

这本书是我写的。如果你喜欢,给我一些赞美;如果你不喜欢,我虚心接受所有的批评。

拉里·温格特

（京）新登字083号

图书在版编目（CIP）数据
谁偷了你的成功/［美］温格特著；贾毓婷译. —北京：中国青年出版社，2011.1
ISBN 978-7-5006-9766-4
Ⅰ.①谁… Ⅱ.①温…②贾… Ⅲ.①成功心理学—通俗读物
Ⅳ.①B848.4-49
中国版本图书馆CIP数据核字（2010）第253079号

北京市版权局著作权合同登记
图字：01-2010-5544

书名原文：It's Called Work for a Reason

出版发行 中国青年出版社
社　　址：北京东四12条21号
邮政编码：100708
网　　址：www. cyp. com. cn
编辑部电话：(010) 57350520
门市部电话：(010) 57350370
印　　刷：保定市新华印刷厂
经　　销：新华书店
开　　本：880×1230 1/32
印　　张：7.375
字　　数：130千字
版　　次：2011年1月北京第1版
印　　次：2011年1月河北第1次印刷
印　　数：1-8000册
定　　价：24.00元

本图书如有印装质量问题，请凭购书发票与质检部联系调换
联系电话：(010) 57350337